丁香妈妈科学养育

图书在版编目（CIP）数据

丁香妈妈科学养育：百位医生给新手妈妈的育儿解
决方案 / 丁香妈妈著 . -- 北京：中信出版社，2020.3（2024.4重印）
　　ISBN 978-7-5217-1364-0

　　Ⅰ . ①丁… Ⅱ . ①丁… Ⅲ . ①婴幼儿—哺育　Ⅳ .
① TS976.31

　　中国版本图书馆 CIP 数据核字（2020）第 011594 号

本书仅限中国大陆地区发行销售

丁香妈妈科学养育——百位医生给新手妈妈的育儿解决方案

著　　者：丁香妈妈
出版发行：中信出版集团股份有限公司
　　　　　（北京市朝阳区东三环北路 27 号嘉铭中心　邮编　100020）
承 印 者：北京盛通印刷股份有限公司

开　　本：155mm×230mm　1/16　　印　　张：25.5　　字　　数：356 千字
版　　次：2020 年 3 月第 1 版　　　　印　　次：2024 年 4 月第14次印刷
书　　号：ISBN 978-7-5217-1364-0
定　　价：99.00 元

感谢所有丁香妈妈的合作医生、专家，

因为你们的循证和专业，

丁香妈妈才能在"科学养育"这条路上走得更远。

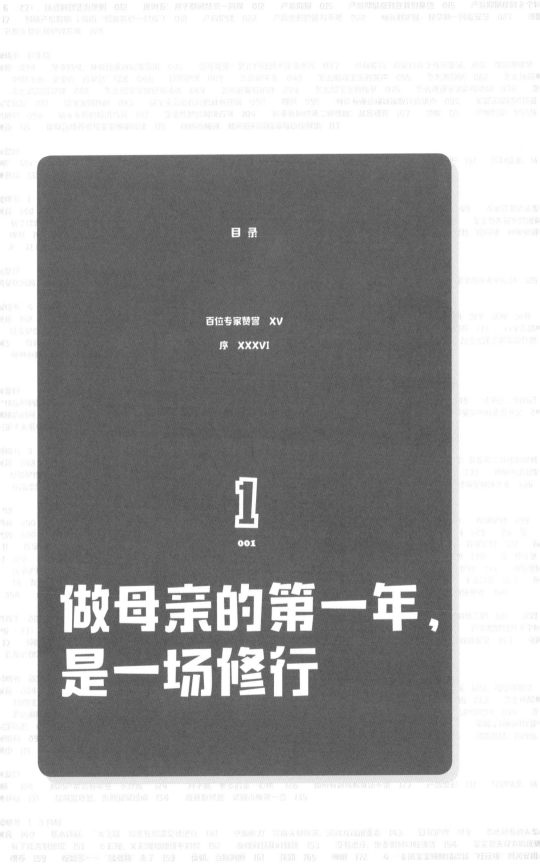

目录

百位专家赞誉 XV

序 XXXVI

1

001

做母亲的第一年，是一场修行

己 新生儿期

005

妈妈准备好

宝宝说明书

3 1~3 月龄

121

妈妈准备好

宝宝说明书

4 4~7 月龄

妈妈准备好

宝宝说明书

5 8~12 月龄

235

妈妈准备好

宝宝说明书

5 疾病护理

289

7 宝宝的第二年，值得期待

很高兴看到丁香妈妈新的育儿知识和理念集结成册，这是一本很有用的书。时代在变化，不同时期的新手妈妈对育儿会有不同的认知和感受。丁香妈妈天天和学习型的妈妈在一起，对新时代妈妈的欣喜和焦虑会更加理解。书中涉及的知识，是新手父母最为关心的内容，相信它会在大家的育儿路上对大家有帮助。也希望读到这本书的新手父母能以书结缘，关注丁香妈妈通过网络发出的各种信息，共同享受互联网资讯发达带来的靠谱知识，少交智商税。书本的知识只是起步，大家和宝宝共同成长是丁香人共同的愿望！

杨泽方
丁香诊所负责人

作为一名日常接触了很多父母和孩子的心理学人，我有一种非常深刻的感觉：父母对孩子有着深沉的爱，但这种爱意的表达，却往往太过依赖于直觉和经验，而缺少科学的指导。在无限的父母之爱和孩子只有一次的童年之间，让父母和孩子彼此不辜负的重要手段，就在于学习这本《丁香妈妈科学养育》。

叶壮
美国心理科学协会（APS）成员，中科院心理研究所发展与教育心理学硕士

我跟丁香妈妈合作了很久，非常熟悉丁妈的风格。比起其他育儿工具书，这本书不仅提供了权威的知识内容，更是适合中国家长育儿的工具书。这本书图文并茂，集合了各领域的专家背书。如果你是一个新手妈妈，我非常推荐你在当妈的

第一年读一读这本书。

李靓莉

中国首批注册营养师,复旦大学公共卫生学院营养学硕士

这本书涵盖了家长们最关心、最常见的关于孩子的问题,按照月龄讲解,查找方便,理论简洁,手把手教你怎么做,让你看完后心里有底气。更让人欣喜的是,这本书还关注妈妈的身心健康,给予了妈妈充分的理解、支持并提供了育婴问题的解决方法,实用而充满温情。

孔令凯

儿科主治医师,儿科硕士

这本书温馨、简洁、实用,还有可爱的科普插图、专业医生的靠谱叮嘱,涵盖了家庭护理、就医提醒等多方面内容,同时还关注了新手家长的心态调节和家庭责任的分工,让人想继续看下去。

顾中一

清华大学公共卫生硕士,8 年三甲医院营养师经验

对于有孩子的父母来讲,育儿大概是父母成年之后面临的最大挑战了。也许这本书可以帮助新手父母顺利度过这段“艰难时期”。

六层楼

前妇产科医生,畅销书《女性呵护指南》作者,“第十一诊室”创始人

丁香妈妈用科学的方式,教你如何度过产后第一年关键期,让宝宝健康成长,让妈妈重获新生!

金紫亦

大蜜健康创始人,产后恢复训练师

没有人天生就会做好妈妈,这是一份新的“职业”,也是一份新的“学业”。幸好,丁香妈妈推出这本《丁香妈妈科学养育》,融知识性和实用性为一体,可操作性强,大家可以结合这本书的知识,陪伴宝宝一起成长,完成好妈妈的修行。

邹世恩

复旦大学附属妇产科医院主任医师,妇产科学临床医学博士

为人父母是一条自我成长之路。有了对生命的热爱，以及对孩子更深入的了解，我们才能更好地促进孩子的正向发展。不断学习靠谱的知识，则是实现这一切的关键。

朱笑婕

IPHI［原 IMPI（国际孕婴和育儿研究中心）］认证睡眠咨询师

作为揭发"天津权健"的社会良心代表，丁香团队的《丁香妈妈科学养育》这本书也秉持"有一说一"的实话原则，向各位新手妈妈介绍可信赖的医学科普知识。尤其优秀的是，这本书不仅懂得新手妈妈育儿的艰辛并向新手妈妈解答了育儿的疑惑点，而且还着重强调了新手爸爸的作用，并告知新手爸爸在育儿过程中该如何做，由此能够更好地支持产后抑郁的妈妈，并且其内容对新手爸爸来说可操作性很强。

林涛

妈咪知道儿科诊所门诊主任，福建省福州儿童医院原外科主治医师

作为一个妇产科医生，也作为一个爸爸，我特别理解每个女人怀孕分娩要经历多少身体和心理的巨大改变，和把一个嗷嗷待哺的小婴儿培养成人的不容易。希望在这本书里，你可以跟着医生们给你的科学建议，多避开一些"坑"，少几个不眠之夜，让育儿更简单一些。

田吉顺

丁香医生医学总监，浙江大学医学院附属妇产科医院十年临床经验

养娃是一件内外兼修的事儿。我从我女儿两岁多的时候开始和丁香妈妈合作，直到现在。在这三年多的时间里，我深感丁香妈妈作为一个知识传播平台的良心所在。这本全面的"养娃手册"，会让你们在初为人父母时不慌不躁，从容应对，在带好孩子的同时也照顾好自己。

杨梓

美国 Balanced Body 全体系认证教练，
美国 Fusion Pilates 孕产及腹直肌分离认证教练

这本书会教你科学照顾宝宝和自己，新生妈妈能在书中为自己遇到的各种慌乱找到答案，宝宝健康成长，妈妈从容优雅，少不了它。

谷传玲

中国首批注册营养师，《只有营养师知道》系列书籍副主编

对于初为人母的你来说，为了无微不至地照顾宝宝，为了让自己在月子期间恢复健康，就需要找到一本好的育儿书，来为你保驾护航。那么，我强烈推荐这本书。

杨硕

新浪微博知名母婴博主，"儿科医生琪乐"主笔人

跟着这本书学习科学的知识，做宝宝生命中的第一位牙医。希望育儿的路上，各位妈妈可以不再焦虑。

郑乐铭

四川大学华西口腔医学院硕士，丁香医生签约科普作者

每一天都有无数宝宝降生；每一天都有无数新手爸妈披上战袍，开始走上"痛并快乐着"的育儿生涯。这本书就是各位奶爸奶妈强有力的武器，当你们手足无措的时候，当你们感到无助的时候，它能给予你们最靠谱的支持和鼓励！

周莹

上海交通大学医学院儿科硕士，上海嘉会国际医院儿科主诊医师

丁香园一直是我最信赖的专业医学网站。一开始，我只是上丁香园查找医学资料，后来我因一个偶然的机会加入了丁香园科普频道，也因此有幸与丁香妈妈结缘。作为一位皮肤科医生，很高兴看到有丁香妈妈这样靠谱的医学科普平台，每当看到有爸爸妈妈在丁香妈妈讲述的育儿知识的帮助下对孩子的病情做出了正确的处理，我就感到很欣慰。在目前二孩盛行、儿童医疗资源紧张的大环境下，丁香妈妈出版这样一本科学求实又通俗易懂的育儿图书更加意义重大，相信这本书可以帮助更多的爸爸妈妈克服各种育儿困难，让宝宝们健康成长！

曹建银

华中科技大学同济医学院皮肤病与性病学硕士，
成都市第五人民医院皮肤性病科原主治医师

这本书是丁香妈妈在告诉初为人父母的读者如何科学地养育孩子。由专业的医生提供科学的方法，让这本书值得信赖和借鉴。这本书还涉及一部分爸爸的内容，告诉爸爸们，养育孩子是夫妻双方都要努力的事情。

薛斯亮

四川大学华西医院皮肤科副主任医师，四川大学华西临床医学院临床医学博士

在大数据时代，丁香妈妈以其专业实用、通俗易懂的科普文获取了众多孕产妈咪的青睐，解决了孕产妈咪在养儿育女中的众多实际问题，可谓给妈妈们的"百科全书"。

徐萌艳

杭州市妇产科医院护理部主任护师，母乳喂养咨询师

我是丁香诊所的妇产科医生，也是两个孩子的妈妈。在产后一年内，有着丰富妇产科知识的我，面对孩子闹觉、黄疸、湿疹等问题，也有过很多焦虑。作为新手妈妈，产后伤口疼痛，月子病，哺乳奶多奶少、乳头痛，身体的改变……我也感同身受。丁香妈妈就是抱着这样的"感同身受"，将妈妈产后第一年遇到的问题，本着循证理念，系统地整理好答案，帮助你轻松当妈妈。

杨红梅

丁香诊所妇产科医生

丁香妈妈不仅像一位老师，给家长们系统介绍了养育婴儿的各方面知识；更像一位亲切的好朋友，帮助新手妈妈在第一年做好角色转换的心理准备。

李欣航

美国密歇根大学硕士，IPHI 认证睡眠咨询师，
美国 Happiest Baby 认证婴儿安抚导师

我是一位妈妈，也是一位营养师，我知道生娃不易，养娃更难。不过，看完这本书，你不但可以轻松地喂养孩子，而且可以学习到正确的养育知识。

徐敏洁

中国注册营养师，纽约州立大学布法罗分校营养学硕士

这本书从宝宝降临开始，直击妈妈和宝宝的种种问题，提供实用的知识和方案，帮助新手妈妈从容应对，成就知识型、成长型家庭。

李璐
丁香诊所儿科医生

就像这本书里提到的，用母乳喂养宝宝的妈妈要留心观察，耐心调整，才能做到舒心哺育。新手父母手边备着这本书，相信可以更好地进入父母角色，在养育之路上走得更轻松。

赵文虹
国际认证泌乳顾问（IBCLC），懿英教育联合创始人

宝宝还在妈妈肚子里的时候，准爸爸和准妈妈就已经开始满怀憧憬地要做好爸爸和好妈妈了。可是当宝宝出生，真要照顾宝宝的时候，一个个还是手忙脚乱、洋相百出。如何哺乳，如何添加辅食，如何应对宝宝生病，等等，都是我们要学习的新知识。你们可以跟着丁香妈妈学习科学育儿知识，做靠谱的爸妈！

陶思丰
浙江大学医学院附属第二医院乳腺科副主任医师

《丁香妈妈科学养育》一书不仅关注孩子，而且关注新手妈妈，在产后修复方面给到了新手妈妈科学有效的办法！这是一本非常好的科普读物，希望每个新手妈妈都能在产后恢复孕前的好身材。

于驿伦
北京体育大学运动康复专业硕士，国家网球队原康复师

当妈妈的第一年，很可能是一个女人一生中最难的一年。从前那个"十指不沾阳春水"的"小公主"，要在刚刚经历了生产的剧痛之后，在身心最脆弱的时候，扛起一个做妈妈的责任。不得不说，这可真是太难啦。丁香妈妈出品的这本育儿科普图书，科学、严谨、真诚，她关心宝宝，更关心你。

胡立
心理咨询师，公共营养师，知乎儿童教育话题高赞答主

给孩子用药的问题，可能是所有家长最纠结的问题了。与其纠结，不如行动起来，多多掌握一些安全用药的知识。相信这本书会让你不再纠结，从容面对养育过程中的各类问题，解锁多项技能，你准备好了吗？

刘子琦
哈尔滨医科大学附属第一医院副主任药师

丁香妈妈一直在做一件事，让专业靠谱的医学知识变得更加通俗易懂，适合所有的宝爸宝妈。

曾小丽
重庆市人民医院过敏反应科主治医师

作为新手父母的你们，一定很希望自己的宝贝健康快乐地成长，也常常会因为需要医学知识的帮助去咨询医生。可当你们刚带孩子见过医生，也许转头就忘记了医生的大部分嘱咐，或者又有了很多新的疑问。这本书刚好收集了新手父母时常会遇到的健康疑问，有这样一位"小助手"在身边，就如同拥有家庭医生的陪护。

徐莹
天津和睦家医院儿科主治医师

在成长的道路上，爱和陪伴是孩子健康成长最重要的营养成分。让我们与孩子共同成长，体味心灵陪伴的温暖，感受美妙的生命之光。

冯雪英
青岛大学附属医院儿童保健科副主任医师

在信息爆炸的今天，面对繁芜丛杂的育儿资讯，如何选择科学、靠谱的内容呢？感谢丁香妈妈倾注心力，花了五年时间，从专业角度筛选出儿童养育领域各专家的建议，让新手爸妈不再焦虑，能放心地养娃。

汤维
育儿研究咨询师，丁香妈妈签约作者

宝宝降临到世上，和妈妈的连接从脐带上断开了，又会马上从乳房上连接起来。

我们所要做的就是让妈妈和宝宝在一起不分离！

高雅军

北京市海淀妇幼保健院主任医师，国际认证泌乳顾问

丁香妈妈是您育儿路上的好帮手，强大的专家团队为您提供了科学的育儿指导，使您成为足够好的妈妈，陪伴孩子健康成长。

马学梅

北部战区总医院儿科副主任医师

新生命的诞生，是全家的大喜事。但在宝宝生长发育的过程中，新手父母会遇到各种各样的问题，对宝宝的吃喝拉撒睡玩都可能搞不定，新手爸妈太难了！而《丁香妈妈科学养育》就是一本全方位解决婴幼儿时期各种问题的工具书。有了它，宝宝身边就有了一位保驾护航的儿科家庭医生。

隋静

北京大学第三医院儿科副主任医师

大多新手妈妈不是学医出身的，即使是学医出身的，也多不是学儿科的，因此妈妈们的育儿路上总会有一些坎坷，会有一些障碍，会有各种"坑"，还会有一些不测风云。遇到一些与儿科相关的问题时，希望这本书能靠谱地为新手妈妈释疑解惑，更好地斩除荆棘，我们丁香的愿景是"健康更多，生活更好"，愿每个宝宝能健康茁壮地成长！

施翰

丁香诊所儿科医生

一个新生命的到来，会让一个家庭欢心雀跃，但也可能会让新手爸妈手足无措，这本书能够让你顺利渡过难关，更加科学地养儿育女，处理一些宝宝们的常见问题。

张晓静

浙江大学医学院附属儿童医院儿科主治医师

作为新妈妈，也许你会每天担心宝宝的各种小问题，但有了这本书的帮助，你就可以游刃有余地应对宝宝的各种常见问题。

林靖宇

北京大学精神卫生研究所博士，丁香园论坛精神心理版块版主

丁香妈妈首次出版的品牌实体书。包含产后护理、新生儿护理、育儿知识、疾病呵护等多方面内容。这是在专业医生指导下的靠谱知识，让新手爸妈少走弯路，省心育儿！

李昕

福建省泉州市第一医院儿科主治医师

你必须承认，为人父母本来就是一个巨大的人生转折，对于每一个准妈妈来说，它像斯芬克斯之谜一样复杂、令人费解、众说纷纭。而科学、有可靠信息来源、简洁易理解的育儿指南，是丁香妈妈一直想做且有必要做的事情之一。如果你已经捧起这本宝典，请一定记得面对这巨大的人生挑战时，它给你的勇气。

徐晓琳

首都医科大学附属北京儿童医院儿科药师

变美、变年轻是乐享生活的途径之一。许多年轻的妈妈也开始处于衰老的初期，特别是面部的衰老变化明显，需要做使自己变美、变年轻的护理。在丁香妈妈这里，你能方便地学到如何护理，如何选择合适自己的护理，以及如何挑选有性价比的护理。不花冤枉钱，不走冤枉路，不浪费冤枉的时间。2020 年，让我们和丁香妈妈一起不辜负时间，也不让时间辜负自己。

李嘉伦

梅奥诊所整形外科博士后，武汉协和医院整形外科主治医师

儿童在发育期间，骨骼发育是非常重要的。孩子骨骼发育好，不仅会让孩子体格强壮健康，还会让孩子更加自信和富有魅力。因此，宝爸宝妈需要了解孩子骨骼发育各个阶段的生理规律，以身作则，鼓励孩子养成正确的饮食与运动习惯。

郑朋飞

南京市儿童医院副主任医师，骨科学博士，南京医科大学硕士生导师

对于新手家长来说，这本书在一定程度上可以帮助他们促进宝宝健康成长，减少宝宝生病带来的焦虑和过度医疗，内容严谨实用。

李卫国

"来问丁香医生"优秀答主，重庆医科大学附属儿童医院博士

口腔健康要从娃娃抓起，很多家长可能小时候深受牙病的困扰，那么轮到自己的宝宝时可别让他遭这个罪咯！除了口腔知识，这本书还教你如何把握孩子成长中的关键点，做好这些，宝宝才能快乐、健康地成长！

何剑亮

浙江大学医学院附属第二医院口腔科医师，知名口腔健康科普作者

这是一套科学且易学易懂的"宝宝说明书"，对帮助新手父母学习育儿知识，缓解育儿焦虑，会有很大的帮助。

王荣

《婴幼儿睡眠的秘密》作者，美国 FSI（Family Sleep Institute）婴儿睡眠咨询师

作为一名儿科医生，很高兴能加入丁香妈妈大家庭。丁香妈妈是一个求真、求实、有爱、有温度的平台，就像您身边的一位挚友。相信这本推心置腹的育儿图书，会帮助千万宝爸宝妈克服各种在育儿中遇到的难题。

梁世佳

辽宁省朝阳市中心医院儿科主治医师

这本书像导航一样，告诉你，孩子从出生开始每一步会发生哪些变化，你该如何照顾孩子，从而让新手爸妈不再迷茫。

阮光锋

中国农业大学营养与食品安全专业硕士，
科信食品与营养信息交流中心科学技术部主任

孕育新生命是人生的一场修行，这话不假，修的不仅是身，还有心。新生命诞生后，你会发现育儿生活中会有那么多鸡飞狗跳、令人抓狂的时刻。没有人生来就

会当妈，每个人都需要不断学习。丁香妈妈的这本书绝对是新手妈妈育儿路上的一盏指路明灯，你越有智慧，就越能够从容地迎接各种挑战。

胡蓉
海军军医大学第三附属医院妇产科主治医师

一个新成员降临，他（她）只会用各式各样的哭声来跟我们交流，第一次为人父母总会担心"一地鸡毛"变成常态，这本"葵花宝典"用了多种"招式"来教你应对育儿难题。

郑飞飞
中国注册营养师

我的小孩们从出生到一岁左右出现了不少健康问题，尽管我是皮肤科医生，但与皮肤无关的其他健康问题总是让我焦头烂额。幸好有丁香医生的各位朋友，帮助我解决了很多问题。因此我强烈推荐丁香妈妈的这本书，希望可以帮助到初为人父母的你们。

徐宏俊
首都医科大学附属北京友谊医院皮肤科医生

养孩子这件事比其他任何事都更需要心中有数再上路，以免父母在途中手忙脚乱，最后留下终生遗憾。这本书立足于科学，能为新手爸妈提供大量的帮助。

王兴国
大连市中心医院营养科主任医师，
中国营养学会科普工作委员会委员

宝宝出生后，父母常常感到慌乱不安。如何科学养育，如何安然度过产后烦恼，每个家庭都需要一本手册。丁香妈妈在不同学科医生的协助下，完成了这本书。这本书值得被推荐。

袁超
上海市皮肤病医院副主任医师，副教授，法国皮肤医学博士第一次当妈妈的你可能会有很多的恐慌。会因为奶少、涨奶而困扰，会担心没照顾好宝宝而自责……不要担心，《丁香妈妈科学养育》这本书详细又周到，它能教你科学育儿，缓解养育焦虑。

孙旖
同济大学医学院硕士，上海同仁医院妇产科医师

丁香妈妈邀请了多学科医务人员，系统地讲解了母婴健康知识，帮助新手妈妈适应角色变化。让我们一起远离焦虑，科学育儿！

季吉
资深母婴专家，南京医科大学附属逸夫医院护理学科带头人

我在工作中遇到过好多新手妈妈，她们刚生完孩子，面对新生命时，觉得自己什么都不会，在产后激素水平较低的情况下更容易焦虑，孩子也很容易受影响。希望妈妈们在这本书里依靠科学养育的力量，让自己的养育之路可以少走一些弯路，增加科学育儿的信心！

周凤娟
广州市妇女儿童医疗中心儿科主治医师，
IPHI 认证睡眠咨询师

"照书"养孩子，在很多人眼里是贬义。但我认为，"照书"养孩子导致孩子没养好，可能是参照的书有问题，或者读的人没有发挥好。相信有了丁妈这本专业又通俗易懂的育儿书，新手爸妈就可以从容上岗，少些焦虑和折腾。

王秋华
丁香诊所儿科医生

能够参与、见证和呵护一个生命的诞生与成长，令人感觉此生无憾。希望你可以在这本凝聚了诸多医生心血之书的帮助下，和孩子一起健康成长，照亮彼此的生命。

汪曦
上海市某区疾控中心公共卫生主管医师

初为人母，当我们一门心思给予宝贝无微不至的呵护时，往往忽略了我们自己也需要关爱，除了调整好自己的心态，我们也需要护理好自己的皮肤，别让岁月过早地刻下印记，别让自己失去作为女人对美的天然、永恒的追求。做一位快乐而美丽的妈妈，也是宝贝对你的期待哦。

程茂杰

皮肤科主治医师，北京大学医学部硕士

婴儿能天然地激发大人的"养育之心"。面对这谜一样的小生命，新手父母却常常感到迷茫。参阅这本书吧，这就是你要找的靠谱"婴儿说明书"。

鲁肃

医学博士，丁香医生签约科普作家

这是一本非常值得阅读的育儿书，科学、细致、贴心的育儿知识，让你更轻松、更自信地踏上育儿旅程，养育出快乐、健康的宝宝。

叶雯

杭州美中宜和妇儿医院儿科主任医师

当所有人把目光集中在这个新家庭成员（宝宝）身上的时候，妈妈们也不要忽视了自己的健康，除了照顾好孩子，产科医生也希望你能在这本书里学会如何关爱自己，加油吧！

翁若鹏

浙江大学医学院附属妇产科医院妇产科主治医师

母爱是一种本能，做一个好妈妈却是一场需要不断精进的修行。让我们和丁香妈妈一起，帮助宝宝健康成长，也让自己成为更优秀的妈妈。

李姗

国家注册生殖健康咨询师，阅读量超 10 亿的妇产科科普作者，微信订阅号"医女正传"主笔人

作为两个男孩的妈妈，我对养育孩子的过程的焦虑深有感触。作为一位心理咨询师，我又非常清楚，焦虑的源头来自无力感。要想在养育孩子的过程中不焦虑，

每个妈妈都要迎头痛击这种无力感，而此时你最好的武器就是利用好一系列讲科学、有实践的养育手段，而这些尽在这本书中。

苏静

国家认证心理咨询师，心理学硕士

育儿需要掌握的知识真的是琐碎且无止境。这本书最让我触动的是，它不仅梳理了父母对一岁龄内宝宝最需关心的问题，还教会宝妈要关爱自己。

游玉霞

眼科主治医师，知名眼科公号"游医生指北"主笔人

作为一名走在"备孕"路上的男性，是科学让我们这些游离于"母婴"这个词以外的实际参与者，有了真正的参与感。

孙亚飞

清华大学化学系博士

为人父母会天然对新生命充满责任感与保护欲，育儿是我们不断学习和成长的过程，我想这本书就是我们通往科学育儿之路的第一步。

张征

国际认证泌乳顾问，复旦大学附属妇产科医院乳腺外科主治医师

准爸妈们抓耳挠腮不知所措的时候，学习丁香妈妈出品的科学养娃宝典，能让爸妈和孩子更自信、更快乐！

杨一卓

北京体育大学运动康复专业博士

这是一本详细的宝宝说明书，让新手爸妈在育儿信息混杂的时代不至于迷失方向。

钟乐

儿科博士，发育行为儿科博士后，卓正医疗儿科医生

当爸爸三年多，在养育孩子的过程中，我深深感受到孩子的成长过程也是父母的自我提升过程。养娃虽不用"持证上岗"，但着实缺一本全面的实操手册。这本

书既可以被当作养育孩子的手册，又可以被当作如何初为人父、人母的第一本教材。

左飞
美国心理协会（APA）成员、心理咨询师

科普传递需要权威、专业的声音，更需要平实的语言和配图，以使育儿知识跃然纸上。相信丁香妈妈出品的这本"百科全书"能够给宝妈宝爸带来全面、靠谱的帮助，让育儿更加科学。

张成强
复旦大学附属妇产科医院新生儿科主治医师

信息爆炸的时代，各类育儿科普信息层出不穷，科普的形式也越来越多样、便捷，但也为一些谣言、误导提供了天然的土壤。如果您需要科学育儿的知识，作为专业医生，我推荐让丁香妈妈成为您可信赖的育儿帮手。

郑冰洁
上海市儿童医院皮肤科医生，北京协和医学院医学博士

在孕期和哺乳期，每位女性的皮肤都会发生很大的变化，有好有坏，然而无论怎么变化，合理护肤还是应该坚持，避免留下遗憾。成为妈妈，增加了人生的责任，也需要学习很多技能。在这个过程中，希望每位妈妈除了爱宝宝，也继续爱自己。

余佳
卓正医疗皮肤科医生，陆军军医大学西南医院原主治医师

如何树立循证的观念让宝宝少受罪、少吃苦头？我向各位家长推荐这本育儿书，它可以让家长做到有所为，有所不为。

叶盛
浙江大学医学院附属儿童医院儿童重症监护室副主任

为了让新手妈妈少走育儿弯路，丁香妈妈用权威循证医学理念，帮助你在宝宝出

生后的第一年，在母婴健康的道路上，做个不再犯错的妈妈。

梅康康

"儿科药师梅贰康"主笔人，安徽省儿童医院主管药师

这本书提供的育儿信息和理念都是极靠谱的。每次在育儿方面遇到自己不确定的知识点，我都会看看丁香妈妈怎么说。

李侗曾

首都医科大学附属医院副主任医师

初为人母，多数妈妈都没有育儿的经验，导致育儿路上荆棘丛生。通过对这本书的学习，相信妈妈们在育儿路上会得心应手，减少焦虑和困惑。

李志量

中国医学科学院皮肤病医院主治医师，北京协和医院皮肤病学博士

这本书是丁香妈妈为新手妈妈准备的一道易吸收的"大餐"。如果你在孕期只打算看一本书，那么我建议你看这本。

王怡蕊

澳大利亚昆士兰大学心理学博士，澳大利亚注册临床心理学家

每一对新手爸妈都有着一大堆育儿的困惑，丁香妈妈是你靠谱、接地气的答疑解惑者。丁香妈妈的这本品牌书，结合了其多年来的研究精华，帮助新手爸妈更从容、更自信地面对育儿问题。

郑家琦

上海儿童医学中心临床营养科中级营养师，中国首批注册营养师

宝宝出生第一年是其生长最快、变化最大的一年，也是一个家庭最容易"手忙脚乱"的一年，这本书能帮助新手爸妈更好地了解宝宝，在育儿路上不盲目。

庄睿丹

浙江大学临床医学硕士，丁香诊所儿科医生

在信息爆炸的时代，新手妈妈很容易陷入焦虑。丁香妈妈在这本书中提供了系

统、翔实的科学知识，助家长轻松应对宝宝新生第一年，从而使这一年成为新手爸妈成功升级为幸福爸妈的第一年。

李寅

浙江大学医学院附属儿童医院皮肤科主治医师

丁香妈妈是一个很严谨的科学育儿服务平台。这次丁香妈妈邀请专业的医生来写科普文章，并且邀请了很多有经验的医生前辈来审核文章，相信这本育儿书可以帮助到更多的爸爸妈妈。

吴菲菲

苏州高新区荷山诊所联合创始人，丁香医生签约科普作者

这本书除了包含丁香妈妈一贯以来的靠谱理念和实用知识，更重要的是帮助新手爸妈树立科学育儿的信念，增强信心。让丁妈伴你和宝宝一起成长吧。

陈志聪

厦门弘爱医院神经内科主治医师

第一次当父母，要学习的东西很多，不仅要学会养孩子，更要懂得如何善待自己！丁香妈妈的这本书，会告诉初为人父母的你们，如何快乐地陪伴孩子健康成长！

陈然

中国首批注册营养师，中国营养学会会员

宝宝出生的第一年，也是你在幸福与忐忑中学做妈妈的第一年。丁香妈妈汇总了最专业、最严谨的医学建议，陪你度过这值得纪念的第一年。

钟华

卓正医疗皮肤科副主任医师，中华医学会皮肤科分会青年委员

宝宝的第一年，新手妈妈可能会遇到大量问题。如何科学应对？拥有这样一本好书，随时翻阅，关键时刻一定能减少很多焦虑。

郑启城

重庆医科大学附属第一医院儿科原主治医师，鲍秀兰教授医生助理

日常育儿靠经验，更靠科学。然而，宝贝出生时并没有自带"产品说明书"，当育儿过程出现问题时，新手爸妈总会手忙脚乱。这本书是给予初为人父母的家长的一份最好的礼物，让丁香妈妈同你们一起共同守护宝贝健康长大。

李潇颖

海军军医大学第三附属医院妇产科主治医师

如果问这个世界上最关心孩子的人是谁，那必定是孩子的母亲。为了孩子能平安健康地成长，每一位母亲都是"百科全书"。

唐庆凯

安徽省儿童医院康复科医生

这本育儿书由丁香妈妈出品，语言简洁，通俗易懂，观念新颖，讲究循证理念，是适合新手爸妈带娃的入门"武功秘籍"。

乔木

秦皇岛市第一医院新生儿科副主任医师

作为一名儿科医生，我时常在门诊时碰到面对宝宝的诸多正常现象束手无策甚至茶饭不思的宝爸宝妈。相信这本简明易懂的书可以让新手父母少些焦虑和恐惧，多些温馨和甜蜜！

高峥

上海交通大学医学院博士，英国皇家儿科医师协会成员，
卓正医疗生长发育儿科医师

每个宝宝的出生，都承载了全家的期盼与喜悦。然而，当父母并不能仅凭天赋，而需要学习与实践。这是一本关爱与指导新手爸妈的实践书，它用科学的态度、充实的内容、通俗的语言帮助新手爸妈正确认识人生的新角色，顺利度过产后困难期。解决新手爸妈在宝宝出生后一年内面临的种种问题。如果说产后当爸妈是一场修行，那我愿意给你推荐丁香妈妈的这本秘籍，让它陪伴爸爸妈妈和宝宝一起成长！

张扬

北京大学人民医院妇产科主治医师

当年生下儿子的时候，我老公那几天都蹲在产房外面看与育儿、照顾产妇相关的书，疯狂补课。不过我发现，这些书里的内容要么模棱两可，不够科学；要么就是年代太旧或者不符合国情。丁妈的这本书很好地弥补了市面上同类书籍的不足，相信它能够帮助更多的新手爸妈。

吴佳
中国农业大学营养与食品安全专业硕士，
中央电视台、北京电视台健康节目营养嘉宾

"丁香妈妈"是我特别喜欢的一个公众号。他们的内容有循证医学的依据，经过专业医生的审核。这本书包含了产后护理、宝宝的生长发育规律、喂养指导、日常护理、睡眠指导、常见疾病的护理等。通过这本靠谱且接地气的书，你可以学习正确的育儿知识，避免陷入误区，避免过度焦虑和过度治疗，从而让你的宝宝更加健康、优秀。

王鑫
山东省滨州医学院附属医院儿童保健科医师，丁香园论坛儿科版版主

人生就是"小时候的问题"和"长大后的问题"的总和。"长大后的我"牵着"小时候的你"，携手同步成长，而《丁香妈妈科学养育》就是我们的良师益友。

丁莉华
华中科技大学同济医学院公共卫生学院儿少卫生与妇幼保健医学硕士，
湖北省妇幼保健院儿童保健科医师

这本书涵盖了新手妈妈第一年所面临的生理、心理变化，让各位妈妈轻轻松松做好准备。同时，它还纳入了新生儿和婴儿期宝宝常见病的家庭护理知识，让你渐渐告别纯靠经验的育儿模式。

朱好
复旦大学附属妇产科医院产科主治医师

"不忘初心，厚积薄发"是我结识丁香妈妈多年来的体会，也是我对其新起点的寄语。专家、编辑与新手爸妈多年来的互动和磨合造就了这本专业、"接地气"

的科普书，真是值得庆贺。

金一
婴幼儿配方食品研发专家，复旦大学上海医学院临床医学硕士

丁香妈妈能帮助新手爸妈解决育儿过程中的各种困惑，避免"踩雷"，科学养育，值得推荐。

龙政扬
厦门大学医学院儿科学硕士

重视宝宝睡眠，学会规律作息，学习相关的专业知识，是新手父母的第一课。这一切的美好和幸福就从丁香妈妈这里开始吧！

古金
新西兰 BSC（Baby Sleep Consultant）认证婴儿睡眠咨询师，
慧安睡 App 创始人

如果说 50 后、60 后家长采取的是直觉式育儿，那么从 70 后开始，中国家长进入了"全面科学育儿"时代。也因此，爸爸妈妈对于靠谱的、循证的育儿科学信息都求知若渴。而在众多育儿号中，丁香妈妈始终走在传播科学育儿知识的最前沿，从方方面面给家长们带来国内外最先进、最可靠的科学育儿理论和方法。丁香妈妈这次推出的这本书里的关于睡眠方面的知识全面细致地概括了孩子第一年的睡眠状况和可能出现的问题，该书也为妈妈们提供了可实际落地的解决方案，非常值得推荐。我建议新手妈妈人手一册，以备不时之需。

Ruby
IPHI 认证睡眠咨询师，新加坡南洋理工大学生物学博士、神经生物学博士后

新手父母的焦虑，很多来源于无知——对当妈妈这件事没有做好准备，对相关知识储备不足。有了这本书，把它放在枕边当字典一样来使用，你们就可以安安心心做爸妈。

郭蓓珍
国际认证泌乳顾问，娃咋养杭州中心联合创始人

这本书是新手父母的育儿宝典，学习型家长的必备攻略。助你们在育儿路上顺利升级过关，做自信、安心、笃定的爸爸妈妈！

谢毅敏
国际认证泌乳顾问，娃咋养资深泌乳顾问

父母无须执业证，却是个需要终生学习的"职业"。新生命的加入，会使得家庭生活发生重大变化。这本书将全方位、更专业地引领年轻的父母轻松"入职"！

刘珊珊
湖南省人民医院儿童医学中心副主任医师

第一年，学着做妈妈

宝宝的第一年，也是你学着做妈妈的第一年。在这一年里，你在微博上关注了一大串育儿专家，你开始认真研究母婴用品，你活动的最大范围可能就是小区内，你吃东西都是为了获得更好的奶……因为这个小人儿，你的生活状态陡然改变了。

我不会告诉你有了孩子也不能失去自我，因为你的生活已经实实在在地被改变了，没有人能做到丝毫不受影响。我知道，当你选择成为一个妈妈，你就选择了牺牲一部分自我，有痛苦煎熬，但也是心甘情愿。

母爱也许是天性使然，但为人之母却很难做到无师自通。从宝宝出生的那一天开始，往后每个月，你可能都会遇到不一样的问题：第一个月可能是黄疸，第二个月出现了肠胀气，三四个月时好不容易搞定了夜里的哭闹，六七个月时添加辅食后又开始便秘、腹泻，转眼到七八个月时又要开始教宝宝爬行了……

面对每个阶段的难题，要打怪升级，就需要不断地学习。

互联网时代，信息是极大丰富的，筛选出可靠的资讯也因此变得没那么容易。所以，丁香妈妈团队把宝宝出生第一年的母婴知识系统地整理出来，希望在你进行身份转变的这个过程中，为你提供一些帮助。

在这个对你和宝宝都充满意义的第一年里，很感谢你选择让丁香妈妈和你一起见证：你第一次抱住宝宝柔软的小身体，第一次换了好几个角度终于成功为宝宝哺乳，第一次小心翼翼地为宝宝换纸尿裤，第一次安抚哭闹的宝宝，第一次看着温度计冲米粉……

最后，感谢丁香妈妈的专家团队、内容团队和中信出版集团，因为有你们，才会有这本系统、翔实、接地气的育儿书。

杜一单
丁香妈妈联合创始人

1

做母亲的第一年，
是一场修行

人们常常说，做母亲对女人来说意味着"重生"。

母爱是本能，但并不是每一个人天生就会当母亲，大家都是在跌跌撞撞中成为一个"不完美的妈妈"的。

你会在这一年里获得很多欢乐，也会在这一年里忍受带娃的艰辛。你会发现自己的身体发生了巨大的变化，你的家庭也因为迎来了新生命进入新的磨合期……

初为人母，你会经历什么呢？

月子里的不适应

母乳喂养的艰难

被哄睡支配的恐惧

每天都在照顾宝宝中学习和战斗

失去了自己的生活……

听起来有些吓人，是吗？

养育一个孩子，从来不会轻松，但你依旧可以在医生、专家的帮助下，做一些减法。希望你可以通过阅读这本书，更快地适应自己的角色，将这段不算轻松的路，走得更顺利、更踏实一些。

爱你的丁香妈妈

2

新生儿期

生产后的头 28 天，是我们常说的新生儿期。宝宝刚刚从妈妈温暖安逸的体内来到这个复杂纷扰的世界，周围的一切对宝宝而言都是新鲜的。

虽然在我们看起来，宝宝除了吃就是睡，但其实宝宝已经开始试着用眼睛、耳朵、小手小心翼翼地探索这个新奇的世界了。比如宝宝会寻找声音发出的方向，会看着彩色的图案转动小眼珠。

同时，在这个月里，你除了要学习大量的育儿技巧，生产后的疲劳、坐月子的辛苦、艰难的母乳喂养、产后心理的调整……都会是全新的挑战。

丁香妈妈的小建议

第一个月虽然挑战重重，但对你来说，最重要的还是以下两件事，做好了这两件事就会轻松不少哦。

1. 照顾宝宝的同时，也要记得科学坐月子，好好照顾自己。

2. 尽早顺利开奶，实现母乳喂养。

妈妈准备好

科学坐月子

坐月子是每个产妇的头等大事，但同时，你身边的人又会告诉你各种各样的坐月子时的禁忌，比如坐月子千万不能下床走动，不能洗头、洗澡，不能吹风，为了下奶要疯狂食补……

那么，坐月子时究竟应该怎么做呢？

其实，我们说的"坐月子"，医学概念叫"产褥期护理"。产褥期是在宝宝出生后，妈妈的除了乳腺的全身器官恢复至孕前状态所需的时间，一般需要 6 周，也就是 42 天。

很多人以为坐月子就是 30 天，这其实是一种误解。至于月子里不能洗头、不能下床的"告诫"，更是没必要相信。

丁香妈妈为你准备了 5 条科学坐月子的大原则，帮助你在不遭罪的同时身体还能更快地恢复到正常状态。

原则一：坐月子不等于坐着不动

很多人觉得，坐月子就应该尽量卧床休息；有人从字面上去理解，认为"坐月子"就是应该多坐着。事实上，一直坐着不动反而很危险，这绝对不是吓唬你。要知道，为了减少分娩失血量，你的身体会产生一些变化，这会让你体内的血液在生产前后处于高凝状态。此时如果长时间卧床不动，下肢静脉很容易形成血栓。一旦血栓随血液移动到心肺部位，就有可能丧命。

所以，坐月子不等于躺在床上"孵蛋"。在家里走路绕圈，反而更有助于身体恢复。如果你的身体吃得消，下楼走两圈也是完全可以的。

原则二：坐月子期间更要注重个人清洁

有人说：坐月子期间不能洗头、洗澡，也不能刷牙。其实，产妇在月子里更要注意个人清洁。

坐月子的目的是使生孩子时造成的伤口愈合，而我们都知道，养伤需要注意卫生，防止感染。

不仅如此，在 42 天的产褥期里，你的身体因为忙着修复伤口，你会发现自己变得非常容易出汗，阴道还会排出恶露。用母乳喂养宝宝，汗渍、宝宝的口水、母乳都会留在乳头上。这些都是需要及时清洗掉的。

在这个阶段，除了简单的冲洗，清除身上的汗臭味，你还应该在洗澡的时候，特别注意用清水清洗你的会阴和乳头，以减少产褥期感染和患乳腺炎的风险。

顺产的妈妈在自我感觉良好的情况下，并不需要绝对禁止自己在生产后的 24 小时内洗浴。

但是，一般来说，刚生完宝宝的妈妈的身体比较虚弱，在洗浴时可能会发生滑倒、晕倒等突发情况，所以不建议产后过早洗浴。

在清洁方面，产妇可以先让家人帮忙擦拭身体。等身体恢复一些后，就可以自行进行淋浴了。另外，考虑到感染的可能性，不建议进行盆浴。

至于剖宫产的妈妈，医院目前在产妇进行剖宫产时用的基本都是可吸收缝线，所以不会有拆线的困扰。妈妈产后切口愈合良好，没有液体渗出（比如伤口流脓）、伤口红肿的情况，和医生确认后就可以正常淋浴了。不过保险起见，还是可以在伤口上贴个防水贴再洗，避免影响伤口愈合。

原则三：科学地吃才能更好地下奶

在宝宝出生的第一个月，用母乳喂养是你的第一个挑战。越早顺利下奶，实现母乳喂养就会越容易。

下奶的偏方一直是老一辈津津乐道的话题，不少产后妈妈的一日三餐离不开猪蹄汤、鲫鱼汤、乌鸡汤等各种补品。

但事实是，猪蹄汤、鲫鱼汤、乌鸡汤这类补品浓稠且脂肪含量高，它们不但不能帮助下奶，反而容易堵奶。下奶的最好方法，就是让宝宝第一时间吮吸母乳，增多吸吮次数，刺激泌乳素分泌乳汁。而那些你喝进去的浓汤，并不会变成乳汁，只会变成脂肪堆积在你的肚子上，增加你产后恢复身材的难度。

所以，在月子里，你只要遵循食物多样、少油少盐、少食多餐这三大饮食原则，不仅你下奶会更顺利，而且月子后的你会发现"咦，我怎么瘦了不少"。

- 食物多样：每餐有蔬菜、蛋白质、主食，主食要粗细搭配，保证营养均衡。
- 少油少盐：每天盐的摄入量控制在 6g 以内（1 啤酒瓶盖的容量），油的摄入量建议控制在 25～30g。
- 少食多餐：每餐吃到七分饱即可，将另外三分的饭量放到加餐中去。

原则四：室温 26～27℃，以感到舒适为原则

有一种说法是，女人刚生完孩子，身子弱，不能经受风寒，最好捂得严严实实，不然就会落下病根。

其实细想就明白，"不能吹风"的说法是毫无依据的，生孩子的时候，医院里不也开着空调吗？

坐月子时最重要的就是周身的环境让刚生产完的妈妈们感到舒服。具体应该怎么做呢？

夏天不用刻意地捂着，可以穿宽松的短袖、短裤或裙子；室内如果太闷、太热，就可以放心使用风扇或空调，使用空调时，排风口对着墙面就可以。冬天太冷，南方没有暖气，也可以用空调制热。一般来说，把空调设定在 26～27℃是让人感到最舒适的温度。在不用开空调的春秋季节，也要注意开窗通风，保证室内空气流通。

原则五：月子期间禁忌 —— 同房

在关于坐月子的科普上，虽然丁香妈妈一直告诉大家，不要束手束脚，要让自己舒服，没那么多不能做的事。但月子里还是有不

能做的事情的——同房。

无论是顺产还是剖宫产，产妇的身体都需要经历 6 周左右的恢复期。子宫颈闭合、产后出血停止、生产导致的裂伤及伤口缝合处愈合，都需要时间。贸然同房，会增加伤口被感染的风险。一旦被感染，对于产后妈妈脆弱的身体和心理都是二次创伤。

即使过了产褥期，产科医生检查确认可以同房后，不少妈妈也会因为生孩子带来的疼痛和带孩子的疲劳迟迟没有性欲或者无法做好心理准备。有些妈妈在这一阶段可能尝试过同房，但觉得生完孩子后性生活没有原来顺利了，从而产生自卑心理，不愿意同房。妈妈们要正确看待这件事，爸爸们更要给予妈妈们充分的耐心和鼓励。

生完孩子后，妈妈们身体的激素水平会发生明显的变化。特别是用母乳喂养孩子的妈妈，受催乳素影响，阴道润滑情况会比较差，变得干燥脆弱。如果在分娩过程中，进行了会阴侧切术或者曾出现会阴裂伤，在恢复性生活的时候，也很有可能会出现疼痛感。

所以，在月子期间，丁香妈妈是绝对不建议爸爸妈妈同房的。即使过了月子期，妈妈们也要给自己留有充分的调整身心的时间。同房这件事要慢慢来，而且一旦恢复性生活，在生娃的头 1～2 年里，为了身体考虑，也要坚持避孕。

什么时候生二胎更合适？

医生有话说

邹世恩

复旦大学附属妇产科医院主任医师，妇产科学临床医学博士

从科学的角度来说，头胎之后一年半至两年再怀孕（孩子相隔两岁半到三岁），对妈妈及宝宝的健康最有好处。如果是 35 岁以上的高龄产妇，考虑到卵巢功能衰退可能会带来妊娠困难和妊娠并发症，间隔时间可适当缩短至一年。

产后抑郁

有人认为，对女人来说，最幸福的事情就是当妈妈。但同时，也有不少人觉得，生孩子是女人一生中最糟糕的选择，其中绕不开一种现象——产后抑郁。

产后抑郁症就在我们身边

在丁香妈妈的身边，常有妈妈自嘲：生孩子那会儿都快得产后抑郁症了。

产后抑郁症和产后抑郁最大的区别就是：产后抑郁症达到了疾病的诊断标准，是病，得治；而产后抑郁是一种情绪、一种状态，不会持续很长时间，大多数人会在产后两到三周恢复常态。判断是否是抑郁症最直观的标准就是：如果你自己或者家人主观认为你的抑郁情绪已经影响了自己和周围人的日常生活，那就应当视其为抑郁症。

关于产后抑郁症的发病率，有这样一组数据：有超过 50% 的产后抑郁症患者被漏诊；根据我国地区性统计，以广东佛山为例，生产 6 周后的产后抑郁症的发病率为 30.5%。[①]

也就是说，大约 10 个产妇中，就有至少 3 个处于一个持续的"不开心"的状态。

很多时候，家庭成员们往往更关注妈妈们的身体健康，比如奶水够不够、产褥期有没有被感染等，却忘记了妈妈们的心理健康同样重要。

而妈妈们即使发现自己得了产后抑郁症，也很难像说"我感冒了"那样轻松。在大多数人看来，承认自己得了产后抑郁症，就如同承认自己"疯了"一样。

但丁香妈妈还是想认真地告诉你，关于产后抑郁症，不是回避、不闻不问、不提起就能假装没有发生的。

---

① 陈敏枝，谭红彤，等.产后 6 周妇女产后抑郁症现状调查分析 [J].中国妇幼保健，2012（18）：2812—2814.

产后抑郁症的 8 个特点

产后抑郁症有这样 8 个特点，你可以对照自身看看，做一个初步自查，如果你的情况符合其中 5 个及以上的特点，症状持续超过 2 周，那建议你及时关注自己的心理健康，在医生的帮助下做进一步的诊断和治疗。

- 心情不好。
- 对大多数活动，尤其是对自己曾感兴趣的活动明显缺乏兴趣。
- 体重显著下降或者上升。
- 失眠或者睡眠过度。
- 疲劳乏力，做事倦怠。
- 觉得任何事情都没有意义且时常陷入自责。
- 思维能力下降或注意力涣散，精神恍惚。
- 反复出现自杀的想法。

在产后抑郁症的症状中，最常见的是对大多数活动缺乏兴趣，感到悲伤、自责、内疚及绝望。如果正在读这本书的你，发现自己或者身边的亲友有"自己不想活了，对未来很绝望"的想法，一定要及早重视起来。在产后抑郁症这件事上，早了解、早预防比什么都重要。等到出现了产妇伤害自己或者宝宝的悲剧时，就追悔莫及了。

预防产后抑郁（后附"给爸爸的一封信"）

那怎么预防产后抑郁呢？在现实生活中，大部分的产后抑郁源于家人对产妇的不理解，但产后抑郁也有遗传、年龄等因素的影响。你可以依据这样 5 条原则行动起来，切实地保护自己。

- 找盟友。注意调节情绪和压力，不要过度疲劳。适当地将照顾宝宝的责任分摊给家人，特别是新手爸爸。照顾孩子不是妈妈一个人的事。

- 找伙伴。参加孕产妇的自助小组活动。如果有时间、地域等因素的限制，可以通过社交软件加入网上自助小组。

- 去学习。参加孕妇学校培训，帮助自己更游刃有余地照顾宝宝和适应社会角色变化。

- 去锻炼。适当的运动可预防产后抑郁，比如快步走、做瑜伽等。

- 重病史。对于有抑郁症病史、家族史的产妇而言，她们更需要时刻注意患抑郁症的风险，建议产妇和精神专科医生保持联系，定期随访。

看到这里，希望新手妈妈可以将下一页的这封信分享给新手爸爸，带着他一起多了解一些有关产后抑郁症的知识。丁香妈妈相信，亲人的理解，是新手妈妈拥抱生活最重要的力量。

丁香妈妈真诚地希望，世界上不要有"不开心"的妈妈。

给爸爸的一封信

通过前面的内容，你可能已经知道，大部分的新手妈妈在产后，都会出现抑郁情绪。妈妈可能会有心情低落、焦虑、烦躁等情绪不好的表现，似乎变得跟往常不太一样了。你可能会对妈妈的这些"坏脾气"感到失望。但是丁香妈妈想提醒你，在这一时期，妈妈的那些令人失望的言行，可能是抑郁造成的。

遇到这样的情况，丁香妈妈希望你记得，抱怨、争吵和逃避无助于问题的解决，沟通和支持才是最重要的。你作为妈妈最亲密的爱人，理应是最能支持和理解妈妈的。理解的第一步，就是上面提到的，要正确认识产后抑郁这件事，尽可能地给予你所能给予的一切支持。

当然，你也许会说："道理我都懂，但是具体怎么做呢？"在这里，丁香妈妈给你提供几点建议。

● 对方烦的时候，不要去回应对方挑衅的语言

你和妈妈当中有一方较为疲劳、压力很大的时候，很可能会因为心烦而有一些挑衅对方的言行，包括说话语气不好、刺耳，动作较平时更粗暴，等等。另一方如果能充分表示理解和支持，比如关切地询问、安抚对方，甚至不说话，都会有帮助。等双方冷静之后，挑衅的那一方会心存感激，表示抱歉，此时大家就会比之前更加团结、和睦。

● 多陪伴，并关注陪伴的质量

生产前后的妈妈，是非常需要陪伴的。在这个时期，你应调整自己的生活重心，多花一些心思在照顾妈妈和宝宝上。

陪伴最重要的不是时长，而是质量。下班回到家后，你可以轻轻抚摸疲劳的妻子的后背，关切地询问她："今天发生了什么，心情好吗？""晚上想吃什么？需不需要我帮你做点儿什么？"哪怕你之后说"我先去干活儿了，有事你叫我"，也可能会给妻子带来一丝温暖。做到这些事，其实不需要你花费多少时间。当然，如果你可以陪妻子散步、聊天，那就更好了。

● 和妈妈一起学习关于孕育、亲密关系的知识

建议你和妈妈一起学习关于孕育、亲密关系的知识。要知道，生孩子是夫妻二人共同的事情，而良好的夫妻关系也会对未来的亲子关系产生好的影响。像这样无论对当下还是未来、对个人还是家庭都有好处的事，你又何乐而不为呢？

● 有必要时可向医生、心理咨询师求助

如果你觉得自己实在解决不了遇到的问题，那就向医生、心理咨询师寻求帮助吧！

产后护理

产后塑形的能与不能

每个妈妈都幻想着生完孩子后自己的身材马上恢复到孕前状态。可是好不容易"卸货"了，低头一看，肚子还是鼓鼓的。

产后塑形就这么难吗？

产后肚子鼓鼓的，不完全是因为胖

每个妈妈都曾是爱美的小姑娘，产后恢复身材当然重要，但是不能操之过急。

你可能会发现，产后自己的肚子还是鼓鼓的。肚子鼓，并不一定是由于孕期吃胖的。这其实是因为子宫还没有回缩。如果把肚子看作一只气球，孕期慢慢膨胀，产后也需要慢慢回缩。

这个回缩过程会有点儿漫长，妈妈们不需要刻意减肥。毕竟在孕期因宝宝日渐长大而撑出来的松垮肚皮，不是一下子就能被"消灭"的。另外，你在月子里也不适合进行跑步等常见的减肥运动，节食更是要不得，这只会让你的母乳喂养之路更艰难。

坐月子妈妈的产后减肥计划：从饮食开始

在月子里，你并不是什么都不能做，只能盯着自己隆起的肚子"干瞪眼"。产后减肥，第一步就是科学饮食。这不仅可以帮助你更好地实现母乳喂养，还可以让你"一不小心"就瘦了。

前文中，丁香妈妈介绍了月子期间科学饮食的三个原则：食物多样、少油少盐、少食多餐。

不过，想要更好地恢复体形，你还可以从饮食量上去控制。

◎ **不喂母乳的妈妈减量吃**

如果你在产后放弃用母乳喂养宝宝，那么饮食的大原则就是：和孕前持平。

不过，从科学的角度出发，丁香妈妈还是要鼓励你坚持哺乳，因为这是产后瘦身最安全、最健康的方式。哺乳本身会刺激子宫收缩，制造母乳会消耗你体内的脂肪和额外的热量。

妈妈们坚持母乳喂养，科学饮食，基本上每周都能在镜子里或者体重秤上发现自己身体的变化。

◎ **母乳喂养的妈妈正常吃**

如果你是坚持母乳喂养的妈妈，每天的饮食量要保持和孕晚期基本一致，或比孕前增加约 500 千卡。有强烈的控制体重的需求的妈妈可以稍微减少饮食，只增加 300 千卡——差不多是喝 200ml 牛奶或者吃 100～150g 鱼、禽、蛋、瘦肉的热量。

上面说得比较科学，也许你会说："每天带娃，忙忙乱乱的，还要计算吃多少卡路里，真的不太现实。"

其实，不看数据，也可以科学饮食，那就需要我们听从自己身体的声音。

- 饿了才吃，每次少量，一日多餐。
- 不暴饮暴食，不习惯性吃到撑，每餐只吃七分饱。
- 热量要控制，食材要选对。多吃新鲜蔬菜，适量吃新鲜水果，用粗杂粮替代精米精面，吃肉类选择精瘦的。油腻的、高糖的、重味的食物，如果忍得住就尽量不要吃。
- 如果想喝汤，就多喝清淡的汤水，如淡豆浆、牛奶、红豆汤、银耳汤等，尽量不要喝各种油汤、大补汤。这样做可以避免不必要的脂肪摄入。

　　最后，丁香妈妈还是要和你多唠叨一句，哺乳期吃太少是会严重影响奶水的质量和产量的。身体处于饥饿状态时的压力和疲倦感，会降低母乳的质量和产量，还很可能导致母乳中的脂肪和营养素偏低，这对妈妈和宝宝来说都不是一件好事。

产后何时开始运动？

医生有话说

翁若鹏

浙江大学医学院附属妇产科医院妇产科主治医师

有很多爱美的妈妈非常渴望减重塑身。那么，什么时候开始干预体重最适合呢？

一般来说，恢复运动的时间应该在生产 6 周后，也就是你坐完月子后。过了产褥期，你就可以正常活动了。不过，考虑到每个人身体的恢复速度不同，还是建议你在产科医生确认后，再恢复运动。

哺乳期护肤，和孕期一致最安全

在丁香妈妈身边，经常有年轻妈妈抱怨，生了宝宝之后，原来白皙透亮的皮肤，现在变得暗沉无光；曾经满脸的胶原蛋白，现在脸蛋一天比一天松弛。

难道"一孕丑三年"的魔咒真的无人可逃吗？

确实，觉得自己"一孕丑三年"，很大一部分原因都是怀孕后激素变化让妈妈们容易得妊娠皮肤病、长斑或者出现乳晕腹中线的色素沉着。对于这些问题，孕期坚持防晒和抗氧化护理，可以在一定程度上减少色素斑片的出现。如果已经出现了色素斑片，部分色素沉着也会在产后自然消失。如果你非常在意这一点，也可以考虑在产后通过医疗美容手段来改善。

不过，并不是说没办法预防我们就真的什么都不做。哺乳期的妈妈本来就缺少睡眠，更需要好好保养。和孕期相比，哺乳期并没有绝对的禁忌，但保险起见，你可以在产后3个月先沿用孕期的护肤品，做好基础清洁。等身体各方面都恢复到正常状态，再考虑用一些美白抗老类产品。

还要注意的是，清洁、保湿、防晒这样的基础护肤步骤，在哺乳期也应该继续。不过，在选择一些洗护用品时，要尽量避免使用有香味的护肤品。因为宝宝是通过熟悉的奶味来感知妈妈的，如果你身上的香味太浓，宝宝可能会不适应。

有效预防妊娠纹

医生有话说

李嘉伦

梅奥诊所整形外科博士后，武汉协和医院整形外科主治医师

通过使用一些方法，我们可以缓解妊娠纹状况，但没办法完全去除它。

预防妊娠纹的最有效方法是在孕期控制体重增长。涂抹任何预防性产品，比如橄榄油、维生素 E 乳或者一些护肤霜剂，效果都非常有限。如果已经长了妊娠纹，在产前三个月，你要做的就是严格控制体重增长，避免妊娠纹增多，同时选择成分简单的身体乳，坚持给身体做保湿，缓解瘙痒。

如果特别介意妊娠纹，可以在产后三个月以后，通过一些医疗美容项目来治疗妊娠纹，比如光子治疗、点阵激光治疗、果酸化学剥脱、浅表皮肤磨削术、微针美塑治疗、黄金微针等。

涨奶、堵奶、乳腺炎和乳房护理方案

生娃后的哺乳，可真是"痛并快乐着"的过程。快乐是真实的，但"痛"也是真实的：涨奶、堵奶、乳腺炎、乳头皲裂，都让人苦恼。

在这一部分，丁香妈妈就针对这些问题，挨个儿告诉你应对方法，让哺乳变成一件真正快乐的事情。

涨奶：频繁哺乳缓解肿胀，但不要排空

涨奶，可以说是哺乳期乳房疼痛最常见的原因了。要解决涨奶的问题，核心的方法就是频繁哺乳，让奶水及时排出来。

但注意不要排空，排到觉得不胀了就好。因为一排空，我们的乳房会以为宝宝的胃口变大了，于是就会产出更多的奶，就变得更胀了。

如果你因为涨奶感到乳房疼痛，你也可以试试以下两个小技巧。

（1）如果乳房胀得厉害，但宝宝又喝饱了，就在两次喂奶的中间，用手挤奶或者用吸奶器吸奶，排出一些乳汁，存起来或者倒掉都可以。

（2）哺乳的时候热敷乳房，加快奶水流出的速度；哺乳之后冷敷乳房，缓解胀痛。

堵奶：频繁哺乳，同时"对症下药"

比涨奶更令人头疼的，可能就是堵奶了。

涨奶还能靠哺乳和挤奶来很快缓解，但堵奶却会造成乳房局部有硬块，又肿又痛，还不好消除。

怎么办呢？还是那个方法——频繁哺乳，而且得坚持频繁哺乳好多天，硬块才可能消失。

除了频繁哺乳，你还可以在喂奶之前，先热敷一下肿块的部位，然后把手摆出 C 字形，把硬块部位放到手的虎口上方，轻轻抖动乳房，感觉到肿块部位的奶水开始松动了，再让宝宝吸吮。这样可以帮助活动淤积的乳汁。

除此之外，堵奶往往是因为乳头有奶泡，也就是乳头上有一层小白膜，它堵住了出乳孔，才会造成奶水没法儿及时被排出来。这时候你可以这样做：

（1）用湿毛巾轻轻摩擦奶泡，让它变薄或者脱落。如果有凸起的小白点，还可以试试用手指将它拉出来。

（2）在奶泡上涂抹橄榄油或羊脂膏，试一试软化白膜。

如果以上方法都不行，你还可以去医院请医生帮忙把奶泡弄开。千万不要自己在家用针挑或者像挤痘痘一样挤，这很容易造成细菌感染，会对我们的乳房造成损伤。

乳腺炎：正常哺乳，缓解疼痛

如果堵奶的情况没有被及时解决，很可能就会发展成乳腺炎。你会像得了流感一样发烧、浑身无力、全身酸痛。

但你不要害怕，得了乳腺炎也是可以哺乳的，而且得让宝宝多喝奶。否则奶水一直堵在乳房里，妈妈的病只会更严重。

如果宝宝这时不太愿意吃奶，那不是因为奶水有什么问题，而是因为得了炎症后，奶水会变得有点儿咸，你可以在哺乳之前先挤掉一点奶。

另外，你还可以用冷敷的方法缓解疼痛；如果实在痛得不行，可以服用布洛芬和对乙酰氨基酚，这都是安全的哺乳期药物，服用后可以照常哺乳。

如果宝宝不喜欢奶水的味道，也可以先用手挤掉一些奶水，再哺乳。

当然，如果超过 24 个小时，症状也没有得到缓解，那就要及时去看医生了。

乳房下垂怎么办？

医生有话说

张 征

国际认证泌乳顾问，复旦大学附属妇产科医院乳腺外科主治医师

乳房下垂是哺乳导致的吗？

不是，主要还是孕期激素水平的变化导致的。除此之外，吸烟、过度肥胖也会导致乳房下垂。也就是说，只要你怀孕了，就会造成产后乳房出现一定的下垂，这和是否哺乳没关系。

要预防乳房下垂，还是得从孕期控制体重、产后养成良好的哺乳习惯、选择穿着松紧合适的哺乳文胸入手。

宝宝说明书

生长发育

新生儿期是宝宝探索和认识世界的开始。这个时期的宝宝，虽然在大部分时间里除了吃就是睡，但他小小的身体依旧悄悄地发生着变化。

在这 28 天里，宝宝不仅个子变高了，视觉、听觉、触觉等各方面的感知能力也在不断发展。你会发现，当你轻柔地抚摸宝宝时，宝宝可能无意识地笑了；当你的脸靠近宝宝时，他会深情地凝视你的脸庞；当你慢慢把脸移开，宝宝的目光也会依依不舍地跟着你的脸转动。宝宝甚至还能"闻声识妈妈"呢。当然，这个时期的宝宝也有让宝妈宝爸烦心的事，例如关门声、脚步声、手机的铃声等似乎会让宝宝惊恐万分。听到这些声音，他可能会紧张得全身缩成团，小脸憋得紫紫的，弄得年轻的宝妈宝爸手忙脚乱。不过宝妈宝爸不用担心，大部分宝宝的这些反应在发育到 2～3 个月后就会消失的。

除此以外，你可能还会从宝宝的外观上发现一些专属于新生儿的小特征，比如宝宝变成"小黄人"了，生下来屁股上就带着青斑，腮帮子上长"小突起"了，变成"小秃顶"了，等等。你甚至会发现"宝宝的乳房变大了"这样不可思议的事情。

让我们一起来探索新生儿宝宝生长发育的秘密吧！

基本特征：身长体重的标准范围

新生儿时期，宝宝的个子是小小的，无论是男宝宝还是女宝宝，身长一般都只有 40～60cm，体重一般为 2～7kg。

表 2.1、表 2.2 中提到的新生儿期宝宝正常的身高、体重范围，你只要对照着看就好了。宝宝的生长具有个体差异性，生长速度有快有慢，身高、体重只要在正常范围内就不必担心。

表 2.1　0~7 天婴儿正常身长、体重范围

0~7 天婴儿	身长（cm）	体重（kg）	指标解读
	45.2~55.8	2.26~4.66	0~7 天婴儿的大小主要受到父母遗传、母亲孕期营养、身体状况的影响。这些早期指标并不能预测孩子长大后的大小，但可以帮助判断宝宝是否需要额外的护理。
	44.7~55.0	2.26~4.65	

数据来自中华人民共和国原卫生部《中国 7 岁以下儿童生长发育参照标准》文件指南。

表 2.2　1 个月婴儿正常身长、体重范围

1 个月婴儿	身长（cm）	体重（kg）	指标解读
	48.7~61.2	3.09~6.33	大部分婴儿在这个阶段都会开始快速地生长，平均每天体重会增加 20~30g。出生 1 个月后，身长与出生时相比，也会增加 4~5cm。
	47.9~59.9	2.98~6.05	

数据来自中华人民共和国原卫生部《中国 7 岁以下儿童生长发育参照标准》文件指南。

宝宝在刚出生的第一周，可能会出现"生理性体重下降"，也就是出现体重不增反降的情况。只要宝宝体重的下降幅度不超过出生体重的 10%，都是正常的，你不用太担心，一般在 7~10 天后，宝宝的体重就会稳步回升。

外观观察：婴儿特征和不正常表现

很多宝妈在怀孕时都会非常关心宝宝的长相。你和宝爸一定有过"宝宝像谁比较好"的讨论，说不定还会想象粉嫩粉嫩的宝宝依偎在自己怀里的样子。

但是，等到宝宝出生，护士把宝宝抱到你床前的那一刻，你很可能会"大跌眼镜"，心想："哎哟，这又红又皱的'小猴子'，是我生的吗？哪有一点儿自家风范？"指不定还会有"送人"的念头。

玩笑归玩笑，丁香妈妈想告诉你的是，大部分宝宝在刚出生的时候，都会有一个"丑萌丑萌"的阶段，在外观上会有许多"奇怪"的特征。

这时候的宝宝除了看起来又红又皱的，可能还会长毳（cuì）毛、蒙古斑等。这些现象大多是正常的。当然，也有一些不太正常的情况是需要你注意的，比如，新生儿黄疸，男宝宝没有睾丸、阴囊肿胀，囟（xìn）门肿胀或塌陷，等等。让我们一起来了解一下新生儿宝宝的这些"奇怪"的特征吧。

宝宝外观的正常特征

◎ 又红又皱——被挤"破相"了

宝宝能平安降生，实属不易。除了可能要在肚子里来一个 180°

的大颠倒动作，还要穿过妈妈那窄窄的产道，宝宝的"破相"之旅也就此开始。宝宝的骨骼系统，特别是软骨部分还没发育完全，经过产道这么一"挤"，就会有如下变化：

- 耳朵皱皱巴巴
- 鼻子扁平
- 眼结膜充血
- 眼睑肿胀
- 头变成坚果形
- 头皮血肿
- 两条腿向外弯曲成弓状
- 足内翻或是外翻

难怪宝宝会看起来皱巴巴的。不过你也别担心，随着宝宝的发育和宝宝的身体对血肿的吸收，这些变化，最早一个星期，最迟三个月，就会彻底消失。

◎ 胎脂

许多足月出生的宝宝身上会有一层白色的皮脂，也就是胎脂，它可以保护宝宝的皮肤。这种胎脂在宝宝出生后会逐渐脱落、消失，不需要特意清洗它，更不能拿硬物去刮它，否则会损伤宝宝娇嫩的皮肤。

◎ 蒙古斑

你可能还会在宝宝的屁股、后背、大腿等地方发现像瘀青一样的色块，这就是我们说的蒙古斑。蒙古斑主要是特殊色素细胞沉着造成的，大多数的蒙古斑会在宝宝一岁之前逐渐消失。

◎ 毳毛

新生儿出生时，全身会有许多毛，背部比较明显，这被称为"毳毛"。毳毛是会自然脱落的，不需要对它做特殊处理。有的地方的习俗是要刮毳毛，这被称为刮"猪毛风"。这样做容易让宝宝的皮肤毛囊受损，引起感染，严重的还会引发败血症。

◎ 马牙——出生后就看起来有牙齿

有的妈妈会说，宝宝刚出生，就发现他长牙了。这其实是个误区，宝宝长的其实不是牙齿，而是马牙。马牙是长在宝宝口腔上颚或牙龈上的小突起，有黄白色米粒大小，一般宝宝出生数周后会自然褪去。有的地方有"挑马牙"的习俗，这是非常不对的，容易导致感染，严重的还会引发败血症。当然，有少数宝宝出生时下颌牙龈中就有1~2颗真牙齿，这时宝妈们可以用手指轻轻触摸一下牙齿，如果牙齿坚固就不用管它，但如果牙齿能明显活动就要当心了，最好让口腔科医生把这样的牙齿拔掉，以免宝宝误吸入气管，造成危险。

◎ **螳螂嘴**

有的新生宝宝的腮帮子，也就是脸颊的两侧，会有两个小突起，俗称"螳螂嘴"，这也是正常的生理现象。有些人认为，螳螂嘴会有碍宝宝吃奶，应该摘除。但事实恰恰相反，螳螂嘴由两块脂肪垫组成，有利于孩子的吸吮，一般会在断奶后自行消失，强行摘除反倒会引起感染。

◎ **枕秃**

细心的父母可能会发现，宝宝出生时，头上细软的头发很快就开始脱落。宝宝的小枕头上，还有帽子上，都是宝宝的头发。如果宝宝躺在床上经常摩擦脑后的部位，后脑勺还有可能出现小块"枕秃"。但你不用担心，这属于正常现象，宝宝脑后脱落的是胎发，过几个月就会长出新头发。另外，宝宝出生后的 6 个月内，还有可能出现生理性脱发，出现胎毛明显掉落的情况，这也是正常的，你并不需要太担心。

宝宝外观的不正常表现

如果宝宝身上出现以下这些现象，你就得当心了，需要及时找医生确认宝宝是不是生病了。

◎ **有包块或阴囊肿胀**

在哭闹时，男宝宝的阴囊根部或女宝宝的会阴部会鼓出一个包，宝宝不哭时这个包就消失了，这就是我们常说的"疝气"。在这种情况下，如果宝宝哭闹不止，一定要检查下面的包块，万一包块不能自行回纳，建议及时就医。如果宝宝到了1岁，包块还没有自行消退，建议及时就医。

你可能还会发现，一些男宝宝身上会出现阴囊肿胀的现象。这个时候，如果你拿一支小手电筒照射宝宝的阴囊，会发现它像气球内装满水一样透亮。这主要是因为宝宝阴囊内有鞘膜积液。一般在1岁前，鞘膜积液可自行消退。如果宝宝2岁以后，鞘膜积液还不消退，建议你带着宝宝及时就医，考虑手术治疗。

◎ 没有睾丸

大约4%的足月产男宝宝身上会有单侧或双侧阴囊空虚的表现。这些宝宝在出生后的1个月内，睾丸有可能缓慢下降到阴囊底部。如果宝宝是双侧隐睾，建议在新生儿时期就带宝宝前往医院泌尿外科就诊；如果是单侧隐睾，可以先观察一段时间，但也建议家长带在6～12月龄还出现单侧隐睾的宝宝及时就医。

◎ 囟门肿胀或塌陷

宝宝的头顶有两处摸上去软软的地方，那是颅骨连接处形成的缝隙，叫作囟门。囟门的形成主要是因为宝宝的颅骨还在发育中，尚未完全合拢。

一般情况下，宝宝的囟门都是平的或者略有凹陷。但是在宝宝哭闹时，囟门会鼓起来。如果囟门一直鼓着，那就是囟门肿胀，可能是颅内压增高的表现。这个时候，你就要怀疑宝宝的颅内是否发生了病变。如果宝宝同时还伴有发烧、呕吐或其他症状，你就更要带着宝宝及时就医了。

囟门塌陷，主要是指囟门比正常情况凹陷了许多，这多数是因为宝宝脱水了。如果此时的宝宝同时伴有尿量少、皮肤干燥，或者大便次数过多、吃奶特少、精神不佳的症状，也需要及时送医就诊。

◎ 新生儿黄疸

绝大多数宝宝在出生后几天都会出现黄疸症状，可以说是"十个宝宝八个黄"。这时候，你会发现自己的宝宝突然变成了"小黄人"。这一般属于生理性黄疸，通常会在宝宝出生 2 周后自行消退。

但是还有一些黄疸属于病理性黄疸，需要你引起重视。一般来说，病理性的黄疸会有这些特点：

- 出现早（出生后 24 小时内）。

- 上升幅度快（每天上升幅度超过 5mg/dl）。

- 持续时间长（足月儿超过 2 周，早产儿超过 4 周），黄疸指数超过正常值（足月儿 > 12.9mg/dl，早产儿 > 15mg/dl）。

爸妈不仅是宝宝的第一任老师，而且是宝宝的第一任医生。丁香妈妈建议你在宝宝出生后就开始记录宝宝的生长曲线，并多观察宝宝的异常情况，在家做好自检。

感知能力：听觉优先于视觉发展，触觉、嗅觉很敏感

刚来到这个世界的新生儿宝宝，对周围的一切都还很陌生。这个时期的宝宝，大部分时间都握着小拳头处于睡眠状态，身体也是微微蜷缩的，仿佛还在妈妈的子宫里。

他们有时候处在深睡眠中，小脸蛋十分放松；有时候处在浅睡眠中，眼部微微颤动，手脚还会短暂挣扎。他们也会烦躁，会打喷嚏、打哈欠。新生儿宝宝也会经常哭，这是他们表达自己需求的唯一语言。从表面看起来，这个时候的宝宝除了吃饭、睡觉、哭闹，别的都不懂，但其实宝宝的各项能力一直在悄悄地发展。

新生儿的感知能力

那么，这个阶段的新生儿宝宝都有哪些感知能力呢？

◎ **视觉能力**

经常会有人问，新生儿能看到东西吗？

答案是肯定的。出生几天后，宝宝就可以看见东西了，但是只能看清距离 20～40cm 的东西，是一个名副其实的"近视眼"。

你可以拿一个颜色鲜艳的小球在宝宝眼前 20cm 左右轻轻晃动。虽然宝宝的头在这个时候还没办法自如地转动，但是你会发现宝宝

的眼球会跟着小球移动。这就是宝宝刚出生时候的视觉。

宝宝不仅能看到东西，还有自己的喜好。有研究表明，新生儿宝宝最喜欢看的是人脸。你可以在宝宝安静的时候，和他面对面相互注视。这时候你会发现，宝宝的眼睛通常会睁得很大，眼光也会变得明亮，全神贯注地凝视你。

除了人脸，新生儿宝宝也很喜欢颜色对比强烈的图案，例如黑白图案。所以我们建议你给宝宝准备一些颜色对比强烈的卡片，多给宝宝看看，这对于宝宝的视觉发育会有很大的帮助。

具体的做法很简单：让宝宝躺下，将能够引起宝宝注意的图片（如黑白的或者鲜艳颜色的图片）放在宝宝眼前，慢慢移动，并呼唤宝宝的名字，鼓励宝宝用眼睛跟着图片来回转动，每天练习两分钟。

◎ 听觉能力

宝宝的听力发育得相当早，当他还在妈妈肚子里的时候，就已经能听到声音了。

和视觉类似，新生儿对声音也有喜好。他们最喜欢的就是人声，尤其是妈妈的声音。如果爸爸在一侧说话，妈妈在另一侧说话，多数婴儿会将头转向妈妈那一边。这可能是宝宝在胎儿时期听到妈妈的声音比较多的缘故。

这时候，你和家人可以跟宝宝进行"听声寻人"的互动。由一个人抱着宝宝，另一个人站在宝宝前面跟宝宝说话，让宝宝看到。然后这个人一边继续说话，一边远离宝宝的视线，随后又慢慢靠近。这可以让宝宝一点点试着通过声音来找人，以促进其听觉的发育。

◎ **触觉和嗅觉能力**

除了视觉和听觉，新生儿宝宝也会有冷热疼痛的感觉。宝宝们还能感受物体的质地，并且喜欢接触质地柔软的东西。

嘴唇和手是宝宝触觉最灵敏的部位，所以新生儿都喜欢吸吮手指。他们还特别喜欢依偎着妈妈，喜欢妈妈温柔地用双手抚摸、拥抱自己。

另外，宝宝的嗅觉能力也很强。刚出生两天的新生儿就可以闻出自己的妈妈的乳垫和别人的妈妈的乳垫的味道不一样，这是不是超出你的想象呢？

基于以上几点，丁香妈妈强烈建议你给宝宝做抚触，这不仅对他们的触觉发育有促进作用，也可以安抚宝宝，使他安静，以促进宝宝的睡眠。

新生儿感知能力的培养

除了上面提到的那些互动，还有一些通用的方法，可以很好地促进新生儿宝宝各方面能力的培养。

◎ **经常和宝宝进行眼神交流**

当宝宝醒来的时候，妈妈会抱起宝宝，让宝宝注视妈妈的脸。这时候妈妈要看着宝宝的眼睛，轻轻地和宝宝说话。妈妈可以说："宝宝看妈妈，宝宝认识妈妈吗？"你会发现，这时宝宝正睁大眼睛看着你，似乎能听懂你说的话呢！你需要充满爱心地和宝宝交流，让宝宝在和成人的交流中辨别不同的声音、语义，辨认不同人的脸、不同的表情，这样可以促进宝宝听觉、视觉及交往能力的发展。

◎ **细心体会宝宝的哭声**

哭是宝宝和父母进行交流的方式，宝宝会通过哭来表达自己的需求，并且希望需求被满足。这时候需要你及时对宝宝的哭声予以回应，让宝宝更开心地成长。新生儿宝宝虽然无法准确地表达自己的想法，但是和爸爸妈妈互动会让宝宝非常开心。当爸爸妈妈和宝宝说话，或用手轻轻抚过宝宝的肌肤，拍拍宝宝的背，摸摸宝宝的小手时，宝宝也会注视爸爸妈妈的脸，使劲蹬蹬腿、扭扭身子来回应爸爸妈妈的爱抚。

特别注意：宝宝的"性早熟"现象

在新生儿时期，有些细心的妈妈会发现，自家宝宝的乳房变大了，有些女宝宝甚至还出现了月经、白带。这不由地让人怀疑："难道是自己怀孕的时候没有管住嘴，让宝宝性早熟了？"

其实，你完全不需要有这样的担心。出生3～7天的男女宝宝的乳房可能会有肿大的情况，乳房大小像小核桃一样，甚至还会分泌出乳汁。这是受到妈妈雌激素影响而引发的正常现象，2～4周后，这一症状会自动消失。有人主张这时应该给孩子挤乳头，这是非常危险的做法，容易引起孩子乳头皮肤的破损和感染。

除了"乳房变大"，你可能还会发现女宝宝的外阴有白色分泌物，出现了"假白带"；女宝宝的阴道出血了，出现了"假月经"。这些同样是受母体激素的影响，是宝宝出生后短期内出现的正常现象。

一般情况下，宝宝出生后4～5天，"假月经"就会自然消失。不过，如果宝宝的出血量比较多或者出血持续时间长，那就需要找医生检查一下宝宝的身体有没有别的问题。如果你家宝宝有以下这些表现，丁香妈妈也建议你及时就医。

（1）不会吸吮，吃奶速度很慢。

（2）对巨大的声音没有反应。

（3）强光下不会眨眼。

（4）视线不会关注眼前的物体，不会随着眼前物体的活动而
　　　移动。

（5）四肢似乎非常软弱无力。

（6）四肢看起来很僵硬，并很少活动。

（7）在非哭泣或非兴奋的状态下，下巴不停地颤动。

如果宝宝出现了这些情况，你也不用过于焦虑，带着宝宝去儿童生长发育门诊吧，相信医生可以给你提供专业、有效的帮助。

日常护理

　　家里多了一个新成员，小小软软的可爱极了。不过，如果你是一个新手爸爸或妈妈，想必会有这些困惑：我要怎么抱他？怎么给他换尿布？他怎么又哭了？新手爸爸或妈妈生怕一不小心就把宝宝弄疼了。

怎么抱宝宝

　　新手爸妈面对宝宝的第一件事不是喂奶，也不是换尿布，而是把他抱在怀里。你温暖的怀抱会给刚刚来到这个陌生世界的宝宝带来身体和心灵上的安全感，也有助于宝宝的生长发育。

　　那么，怎么抱宝宝呢？

抱宝宝有哪些正确的姿势?

◎ 第1种: 靠臂式抱法

把宝宝放在臂弯里,让宝宝的头靠在你的手臂上,用你的另一只手托着宝宝的腿。

图 2.1　靠臂式抱法

◎ **第 2 种：靠肩式抱法**

宝宝的小脑袋依靠着你的肩膀，你的一只手护着他的背，另一只手托着他的屁股。

图 2.2　靠肩式抱法

◎ **第 3 种：足球式抱法**

像抱足球一样抱着他。让宝宝平躺在你的一条手臂上，贴近身体一侧，用胳肢窝夹住宝宝的一条腿，然后用手掌托着他的头部。

图 2.3　足球式抱法

抱多久才合适？

学会了抱娃姿势，很多爸爸妈妈又会问了：娃总是被抱着，是好是坏呢？每天抱多久比较合适？自从有了小宝宝，全家人都喜欢抱着娃和娃互动，基本就是挨个儿轮流抱，这样做正确吗？

抱娃并不是越久越好。

抱多了，对妈妈和宝宝来说都会有一些潜在的问题。比如，宝宝可能过度依赖被抱着的感觉，等三个月之后，让宝宝独立睡觉就会难上加难，妈妈也会因半夜哄宝宝睡觉哄到"怀疑人生"。一直被抱着的话，宝宝四肢活动的机会少，所谓"用进废退"，也可能影响宝宝的体格发育。

同时，有些妈妈抱娃姿势不正确，总是喜欢将宝宝抱在一侧，这样可能会造成宝宝习惯性斜颈或斜视，妈妈自己也容易腰酸背痛。

丁香妈妈建议你，不要强撑着长时间抱宝宝。随着宝宝月龄的增长，在你和宝宝都能接受的情况下，要减少抱宝宝的时间。

◎ 0~3个月

在这个阶段，可以适当多抱一会儿，时间长短不用严格控制。因为这个时候的宝宝刚来到这个陌生的世界，非常需要爸妈的怀抱来给他安全感。对于大多数未满月的宝宝来说，平均每2~3小时就得吃一次母乳，那妈妈抱娃的时间自然不会太短。

◎ 3～6 个月

在这个时间段，推荐你在喂养时抱着宝宝，喂养后将宝宝放到小床上。这个时候的宝宝食量增加，吃奶速度变快，每次吃完奶后睡的时间也会延长，所以爸妈们可以不用长时间抱着宝宝了。

有的宝宝可能不被抱着就难以入睡。遇到这样的情况，你可以试着在宝宝迷糊地快睡着的时候，轻轻地把他放到床上。如果宝宝一下子不适应，可以采用轻拍、听白噪音、搂住等原地安抚的方式。总之要"敢放手"，让宝宝逐渐过渡到能独立睡觉的阶段。切记避免让宝宝含奶头睡和吃迷糊奶，吃睡一定要分开，否则不但可能产生睡眠问题，还会增加宝宝呛奶和日后长龋齿的风险。

◎ 6 个月后

这个阶段的宝宝对外界有了明显的适应能力，没有特殊情况的话，就不建议再增加抱宝宝的时间了。相较于被抱着，他可能更需要自己的小床。

不过，各位爸爸妈妈也不用非得掐着这些时间点去改变宝宝的习惯，毕竟宝宝不是玩具，了解他们内心的真实需求永远是最重要的。

抱宝宝要轻柔

医生有话说

刘珊珊

湖南省人民医院儿童医学中心副主任医师

在宝宝满 4 个月之前,他的脖子还很无力,不足以支撑其头部。在你抱起宝宝或者放下宝宝的时候,要特别注意用手托住宝宝的头部,或者支撑住宝宝的脖子。同时动作要缓慢、温柔,避免吓坏宝宝。

怎么解读宝宝的哭声

小婴儿不会说话，大多数时候遇到问题都是通过哭来表达，家长搞不清状况，就会很头疼，甚至指责自己。

其实，宝宝哭就是在表达自己的需求。我们可以从宝宝出生开始，就去注意他哭的规律、哭声的特点，这样就能慢慢了解宝宝不同的哭分别代表什么需求了。

总的来说，宝宝的哭声最常代表的有 6 种需求。希望你在遇到类似问题时，能从容应对。

哭闹原因一：饿了

宝宝越小，需求越简单。还没满月的宝宝哭的最常见的原因就是饿了。这时候，建议你做的第一件事就是去给宝宝喂奶，一般情况下这都能安抚好宝宝。

如果宝宝大一点了，判断会相对难一些，你可以注意综合观察宝宝的饥饿信号，包括动作、表情、哭声等，都能帮助你判断宝宝是不是饿了。

◎ **刚开始饿：转头、噘嘴巴、伸舌头、发出哼哼唧唧的声音**

如果宝宝是因为饿了而哭，刚开始可能会从睡着的状态清醒过来，然后开始转头寻找，张大嘴巴，伸舌头，甚至发出哼哼唧唧的声音。

这个时候给宝宝喂奶，他就会很专心、很满足地吸吮。

◎ 持续饿着：会“哇啊哇啊”地哭，响亮但没眼泪

如果你忽视了宝宝刚开始饿时的这些转头、噘嘴、伸舌头等信号，宝宝就会“哇啊哇啊”地哭，虽然没什么眼泪，但声音很大，听起来哭得很用力。

如果你一直不理宝宝，他就会一直不停地这样哭，直到有人抱起他。

等妈妈抱起宝宝之后，他就会停止哭泣，开始快速喘气，嘴巴会张开，头摇来摇去找妈妈的乳头。

如果这个时候妈妈还没给宝宝喂奶，他就会重新开始哭，或者直接拿手或被子吮吸起来。

◎ 饿得太久：哭得沙哑，脸蛋涨红、不肯喝奶

如果宝宝一直饿着，就会进入最后一个阶段，这时宝宝会哭得嗓子沙哑，脸蛋涨红，手脚挥动。有的宝宝甚至会失去耐心，就算妈妈抱起来开始喂奶，也还是会哇哇大哭。

很多家长在给哭闹的宝宝喂奶时，看到宝宝拒绝吃奶，就直接不喂了，这其实是误会宝宝了。

遇到这种情况，我们先要安抚好宝宝，比如竖抱起来走走，等宝宝平静下来，再重新尝试喂奶，一般来说，这时宝宝都会接受。

哭闹原因二：没有安全感

小婴儿从妈妈子宫里来到这个世界，常常会因为环境改变而没有安全感，比如从在妈妈肚子里蜷缩的姿势，到没有束缚的平躺，宝宝都会觉得很难适应。

宝宝缺乏安全感的表现一般是在醒着的时候会没有征兆地大哭，这种哭声非常洪亮，而且有节奏，类似于"哇啊哇啊"的哭声，但不会有饥饿时吮吸、转头、噘嘴的表现，通常爸妈抱一抱他就好了。

为了避免宝宝缺乏安全感，在宝宝 6 个月之前，你要和宝宝多亲昵，比如多和宝宝互动，多抱抱宝宝。别担心，即使亲昵的时间比较长，也不会养成宝宝的任何坏习惯。

唯一要注意的一点是，在宝宝 2 个月后，尽量不要抱着宝宝入睡，这样不仅使大人很辛苦，宝宝也会养成不抱不睡的习惯，后面就很难改了。

哭闹原因三：环境不舒服

环境太冷或者太热了，也会让宝宝感觉不舒服。

这个时候，宝宝哭声的大小，和宝宝不舒服的程度有关。宝宝越不舒服，哭得可能越大声，把他抱起来也不会缓解，吃奶也不专心，甚至吃了很快就吐出来，然后继续哭。

那怎么判断宝宝是为何不舒服呢？

◎ **太冷：宝宝不仅会哭，皮肤还会变冰凉，甚至变成紫蓝色**

如果周围太冷，宝宝除了哭，皮肤还可能变成紫蓝色，摸起来也是冰凉的。

一般来说，让宝宝感觉最舒适的温度在18～24℃，低于这个温度，宝宝就会觉得不舒服。

如果宝宝在太冷的环境下待久了，还会不哭也不动，也不吃奶。这种时候，家长要及时把宝宝抱在怀里，及时保暖，必要时还要送去医院。

◎ **太热：宝宝除了哭，脖子上还会出汗**

如果是环境太热，或者家长保暖过度，宝宝除了哭，脸蛋可能会红红的，脖子可能会出汗，还会出现痱子、红斑等问题。

温度是否适宜，以宝宝后背是否出汗为准。你可以摸一摸宝宝的后背，如果温温的，没有出汗，说明温度正合适。

哭闹原因四：肠胀气

因肠胀气引起的哭闹，一般在宝宝吃完奶后出现。

通常，宝宝的脸会涨红，全身使劲，两只脚蹬来蹬去，哭闹不止，看起来很生气，如果妈妈这时候给他喂奶，他会吃一两口，然后就吐出来，继续哭。

这个时候你可以给宝宝做排气操。

具体的操作方法是让宝宝仰面躺在床上，抓着宝宝的腿做自行车运动；也可以在消化食物过后让宝宝趴一会儿，这样不仅能防止宝宝的后脑勺变平，还可以锻炼宝宝的上肢力量，同时可以通过挤压腹部促进气体排出。

不过，这种情况常发生在喝配方奶的宝宝身上，只要用防胀气的奶瓶和合适的奶嘴，就能减少这种情况。

哭闹原因五：肠绞痛

肠绞痛常会固定出现在傍晚或晚上，宝宝会忽然大哭，声调很高，听起来很生气。与此同时，宝宝的脸蛋会涨红，双手可能会握拳。

有一个最主要的辨别肠绞痛的方法，你可以用用看：这个时候，宝宝的小肚子会微微鼓起来，有的宝宝还会蹬脚，身体扭来扭去。

因为肠绞痛的原因不明，也就很难对症处理。不过，60% 的宝宝在出生 3 个月后，肠绞痛的症状就能缓解；90% 的宝宝在出生 4 个月后就不会再有这个问题，家长不必太担心。

与此同时，你可以通过一些方法安抚宝宝，比如给宝宝襁褓抱（即裹着襁褓抱起来）、飞机抱、喂奶、用手机播放一些白噪音（可以用手机上的音乐播放器搜索"白噪音"或者下载专门的白噪音 App 使用）等。

如果宝宝实在哭得厉害，建议及时找医生帮忙。

哭闹原因六：生病

如果上边说的这些原因都不是，那哭闹不已的宝宝很有可能是生病了。

如果宝宝出现以下这些情况，你要引起重视或者及时带宝宝去医院。

◎ **哭声没有力气、眼神木木的、不肯吃奶**

宝宝的哭声没有力气，似乎想哭但哭得不响亮，像是呻吟，或是喘息；身体看上去也没有劲儿；眼神木木的；不肯吃奶。

这很可能就是宝宝生病了，有必要及时去医院。

◎ **哭声洪亮、无法被安抚、不肯吃奶**

如果宝宝哭声洪亮，无法被安抚，也不愿意吃奶，很可能是身体疼痛引起的。

这个时候你要检查一下宝宝的身体，看看有没有受伤的地方，如果有，也需要马上去医院。

◎ **哭声很尖、囟门突出、眼神木木的**

还有一种异常的哭泣，就是宝宝哭声很尖，没有什么节奏，发出"啊——啊——"这样的声音。与此同时，宝宝囟门突出，目光呆呆的。这种情况下也需要去医院做检查。

关于宝宝的哭声

医生有话说

周凤娟

广州市妇女儿童医疗中心儿科主治医师，IPHI 认证睡眠咨询师

当你怎么哄宝宝他都平静不下来时，一定要仔细检查宝宝的身体，排除让宝宝觉得不舒服的情况，比如宝宝眼睛不舒服，被衣服上的线头缠住手指、脚趾等情况。如果他持续哭闹超过 2 个小时，怎么也哄不好，建议你及时带宝宝就医。

怎么裹襁褓

我们在前文提到了一些安抚宝宝哭闹的方法。这一节，丁香妈妈再教你一个对付宝宝哭闹、睡不安稳的小妙招：包条小毯子。可别小看了用这条小毯子包的襁褓，除了本身的保暖功效，它还可以起到安抚的作用。但是，如果包得不好，有可能会影响宝宝的髋关节发育，甚至会增加婴儿猝死的风险。

宝妈宝爸给宝宝裹襁褓的方式多种多样，总的来说，有下面两种经常使用的方法。

裹襁褓的方法

◎ 菱形包裹法

步骤一：把毯子铺平，一角朝上，将朝上的一角反折。

步骤二：把宝宝放在毯子的对角线上，注意将宝宝的肩膀放在与折叠线齐平的地方。

步骤三：将宝宝左侧的胳膊轻轻拉直。

步骤四：将宝宝左侧的毯子一角拉起，裹住胸口，拉向宝宝的右侧，多余部分掖在宝宝身下。

步骤五：把宝宝腿下方的毯子拉到宝宝右侧肩膀处，把多余部分掖在身下，注意给宝宝的腿部留出足够的空间。

步骤六：把宝宝右侧的毯子向左折叠，把多余的毯子掖在身下。

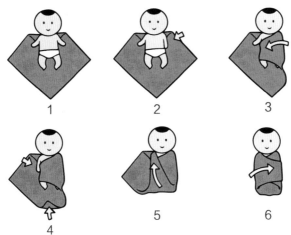

图 2.4　菱形包裹法

◎ **睡袋包裹法**

除了上面常用的菱形包裹法，有的睡袋上面有两根带尼龙粘扣的绑带，可以防止睡袋松动，也可以兼做襁褓。

具体做法：

步骤一：将两侧的绑带打开，给宝宝穿上睡袋。

步骤二：将宝宝一侧的胳膊轻轻拉直，固定在同侧。

步骤三：绑带拉向另一侧，裹住胸口，粘上粘扣。

步骤四：将宝宝另一侧的胳膊轻轻拉直、固定后，用襁褓裹住、粘上粘扣。注意，外层绑带不要绑得太紧。

步骤五：检查腿部是否留下足够的活动空间。

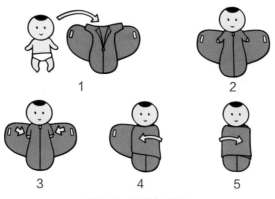

图 2.5　睡袋包裹法

　　此外，在宝宝用睡袋的时候，除了可以将宝宝的胳膊固定在身体两侧，也可以将宝宝的胳膊交叉放在胸前或者放在外面，但要注意给宝宝修剪指甲。

裹襁褓的注意事项

　　除了以上几种不同的襁褓包裹方法，你还要注意如下事项。

　　第一，一定要让宝宝的脸朝上，腿部要有足够的活动空间。襁褓裹得过紧，并不能预防"罗圈腿"，反而可能增加宝宝髋关节的损伤风险。

　　第二，在用襁褓时千万不要将宝宝的背部朝上，否则会提高宝宝猝死的风险。同时，也要确保宝宝在襁褓中被固定好了，不要让他在自己翻动时趴下。

第三，时刻留心，不要让宝宝过热，如果发现宝宝出汗、脸发红、呼吸急促，要及时解开襁褓。

襁褓对于新生儿期的婴儿来说十分重要，它就像一个温暖的小家，差不多可以用到宝宝 3 个月大。当宝宝开始尝试翻身的时候，就可以不使用它了。

如果你觉得上面的图文描述不够直观，也可以扫描二维码，观看"如何裹襁褓巾"的小视频。

丁香妈妈小课堂：
如何裹襁褓巾

怎么换尿布

换尿布听起来很简单，但这对很多新手爸妈来说，却不是一件容易的事。新手爸妈很可能会遇到诸如尿布穿反、尿布两边高低不平、穿了尿布还尿湿等情况。那怎么让宝宝穿得更舒服呢？

有以下 5 个步骤。

手边所需要列好

需要准备的物品：小方巾、1～2 片干净的尿布、消毒棉球或棉片、装有温水的小盆、垃圾袋或专用的洗衣盆。如果宝宝得了尿布疹，还要额外准备好尿布疹软膏。把所有东西都放置在平坦宽敞的换尿布平台上，最好做到伸手可及。

双手协作易打开

清洗双手，把宝宝平置在毯子上，解开脏尿布，用一只手提起宝宝双腿，用另一只手打开脏尿片，但暂时不移开，要牢记整个过程总有一只手不离开宝宝。

擦拭有顺序

用尿布干净的前端从前往后擦拭宝宝的屁股，避免粪便带入尿路造成感染。然后用柔软的湿布或湿纸巾从前往后清理。如果宝宝得了尿布疹，需用消毒棉球或棉片蘸温水擦拭，随后涂上尿布疹软膏。给男宝宝换尿布的话，记得用一块方巾或一片干净的尿布盖住"小鸡鸡"，以防被尿到。

换掉脏尿布

擦完宝宝的屁股，你就可以抬高宝宝的双腿，让他的屁股离开毯子，抽出脏的尿布了。

宝宝的屁股干燥后，你就可以把干净的尿布放在宝宝身下、双腿之间。如果使用纸尿裤，纸尿裤魔术贴的位置要与肚脐前幅高度齐平，新生儿以露出肚脐为佳。固定好后，顺手用两根手指测试松紧度，能放进两根手指对宝宝来说是最舒适的空间了。如果是男宝宝，还要注意固定尿布时让"小鸡鸡"朝下，这样能防止尿从上端溢出。

清理脏尿布

如果用的是可清洗的尿布，就先冲洗脏物，浸泡十分钟后再单独清洗；不可清洗的脏尿布要做密封处理，扔进不可回收垃圾桶。

这些看起来是不是还挺容易上手的，赶紧试试看，开启你和宝宝的亲密互动之旅吧！丁香妈妈也为你准备了换尿布的操作视频，有需要的话可以直接扫码观看！

怎么做脐带护理

脐带是连接妈妈和宝宝的纽带，脐带的剪断，意味着宝宝作为一个独立的个体开始了自己的生命之旅。脐带刚被剪断时，宝宝身上会留下一段脐带残端。大部分宝宝的脐带残端会在出生 10～20 天自动干燥脱落。

偶尔，在脐带脱落后，宝宝身上会留下一点儿小伤口，也可能会有少量分泌物。在这种情况下，只要保持宝宝这个部位的清洁和干燥，2 周内会自然愈合。那么，具体应该怎么操作呢？

（1）在脐带脱落前为宝宝洗澡时，要避免打湿脐部，可多采用擦浴或使用防水贴。不慎沾水时，应立刻用干棉签擦干，保持脐带部位干燥。

（2）给宝宝穿纸尿裤时，纸尿裤前端应置于肚脐以下，以免肚脐受到摩擦，沾到尿液，引起炎症。透气的环境也有益于肚脐的愈合和脐带脱落。

（3）在正常情况下，脐带在脱落前会有少量液体分泌物，需要每天清洁。爸妈可以在宝宝洗澡后，用清洁的干棉签将脐部的水吸干，然后用酒精或碘伏消毒。消毒的时候注意不能仅停留在表面，要从脐带残端的根部开始消毒。

（4）在给宝宝护理脐带前要清洁双手并擦干，防止污染宝宝的脐带伤口。

怎么给宝宝做日常清洁

如何给新生宝宝洗头洗澡，难倒了无数爸妈，你可能有各种各样的问题：是每天洗还是隔天洗？宝宝就是不肯配合，一直哭闹，应该怎么洗？

接下来，丁香妈妈就详细说说给宝宝洗脸、洗头及洗澡时的注意事项。

给宝宝洗脸

大多数时候，给宝宝洗脸用清水就够了，不需要用洗面奶或其他沐浴产品。但洗脸时要注意以下 3 点。

◎ **控制好水温**

小宝宝皮肤娇嫩，洗脸水太冷或太热都会刺激到皮肤。一般来说，水温控制在 34～36℃，摸起来温温的就可以了。

◎ **注意清洁的力度**

洗的时候，用毛巾浸湿清水洗就好了。毛巾要用纯棉的，这样对宝宝的刺激比较小，如果开始掉毛了，就别再用了。

洗脸的时候，不要用力搓揉，要轻柔地在宝宝脸上一点点地沾洗。像耳部、眼角、口角等部位，可以稍稍用力按压清洁，也可以用湿润的婴儿棉球来清洁。

丁香妈妈尤其不建议爸妈给宝宝洗脸时反复在某个部位搓来搓去，这样会刺激宝宝的皮肤，引起湿疹。

◎ **注意清洁的频率**

在正常情况下，每天洗 1～2 次就可以，不用洗得太频繁。

特别在春秋冬季，皮肤油脂分泌没那么多，过度清洁反而会把皮肤表面起保护作用的油脂给擦掉，容易出现红、干、裂、痒等情况。

到了夏天，宝宝出汗比较多，可以适当多洗一两次，但一定要轻柔沾洗，不能搓揉。

不过，在宝宝长大的过程中，特别是在长牙期间，宝宝会经常流口水。有的家长可能会用干毛巾或纸巾给宝宝擦口水，有的家长还会反复给宝宝洗脸，其实这都没有必要。

那应该怎么办呢？

如果发现宝宝反复流口水，建议在流口水的部位用湿毛巾轻柔沾一下就好；而涂抹普通保湿霜之后，皮肤表面很快就会形成油脂膜，没必要反复清洁，只需要早晚洗脸即可。

给宝宝洗头

小宝宝的头部容易患脂溢性皮炎，也就是我们看到的乳痂一类的东西。所以除了洗脸，我们还要给宝宝洗头。

和洗脸一样，给宝宝洗头同样要选择适宜的水温，摸起来温温的、不烫就可以。

至于给宝宝洗头的频率，每天洗一次，或是每隔一天洗一次，都是可以的。

大多数时候，洗头只用清水洗洗就好。

如果宝宝头皮出汗多，或者有一些黄色的分泌物及乳痂，最好能加上婴儿洗发液来清洁，比如施巴、强生或者贝亲的洗发液，每周清洗1～3次。

洗完如果头皮比较干，可以适当涂一点保湿霜。

另外，洗头比洗脸难度大，怎么洗才能让宝宝更舒服呢？

在多数情况下，只需要用湿毛巾把宝宝头皮轻柔擦拭2～3遍就可以了。

如果需要用洗发液的话，建议这么洗：

第一步，用一只手把宝宝抱起来，用腋窝固定住宝宝，把宝宝的头放在手上托着，让宝宝脸朝上，仰卧着。家长的大拇指和小拇指从宝宝的头部朝前按住宝宝外耳郭，避免水流到宝宝耳朵里。

第二步，用另一只手试探水温，摸起来温温的，就可以打湿宝宝的头发了。

第三步，挤豌豆大小的洗发液抹在宝宝头皮上，用指腹轻轻揉洗2～3遍，然后用温水沾湿毛巾，洗掉残留的泡沫就可以了。洗的时候，记得避开宝宝的耳朵和眼睛。

第四步，及时用干毛巾擦干宝宝脸上的水。

给宝宝洗澡

给宝宝洗澡常在洗头之后进行，主要有以下 3 个护理要点。

◎ **洗澡的温度**

洗澡的水温和洗头一样，小婴儿（1 个月以上）洗澡的水温在 34～36℃，新生儿（出生 28 天以内）洗澡的水温在 37～38℃就好。

要强调的一点是，在宝宝洗澡的时候，要关闭门窗，减少空气对流对宝宝洗澡时环境温度的影响。在冬天或者夏天，要注意开空调，水温和环境温度的差别不能太大，避免给宝宝造成不适。

◎ **洗澡的频率**

洗澡的频率要根据宝宝的具体情况而定，绝大多数宝宝每天或隔天洗澡都是可以的，但如果是皮肤干燥的宝宝，就可以适当减少洗澡的频率，隔 1～2 天洗一次也行，洗澡之后记得抹保湿霜。

另外，有的宝宝湿疹严重，甚至出现破皮流水的情况，家长担心洗澡会加重病情，就不敢给宝宝洗。这种做法其实是不对的，洗澡能降低宝宝皮肤感染和持续过敏的可能性，湿疹反而好得更快。

那要不要用沐浴产品呢？

如果宝宝每天或隔天洗澡，可以考虑一周用 1～2 次或两周用 3 次沐浴产品，但不建议用肥皂或者香皂给宝宝洗澡，这样容易让宝宝皮肤更干燥，从而引起皮炎。

◎ **胎脂的清洁**

刚出生的宝宝的皮肤常会有一些黄色油腻的胎脂，而且出生后不久，宝宝可能会全身脱皮，这些都是宝宝成长中的正常现象，不用担心。这个时候，只要用清水正常洗就可以。

总体来说，不管是哪种情况，都不建议用力清洗和搓揉宝宝的皮肤，把握好水温、频率及屋里的温度，并且在需要的时候用一些洗护用品就可以。

至于很多爸妈会买的洗澡小鸭子等澡盆玩具，对于那么小的宝宝来说并不是必需品。随着宝宝长大，有了自己的想法，可以适当买一些漂浮玩具或者防水书来让宝宝在洗澡时更配合。不过，选择玩具的时候要注意选择可以啃咬的安全材质，并且不要选择太小的，可能会被宝宝吃下去或者塞进鼻孔里。

丁香妈妈小课堂：
如何给宝宝洗头

丁香妈妈小课堂：
如何给宝宝洗澡

说了这么多，相信你已经对给宝宝洗澡这件事很熟悉了，快快练习一下吧！丁香妈妈为你准备了两段小视频，让你快速学会如何给宝宝洗头、洗澡。

怎么做鼻腔护理

父母在照顾宝宝的时候都会发现，宝宝的鼻屎总是有很多，所以总害怕鼻屎把宝宝鼻子堵住，影响呼吸。丁香妈妈就通过两个最常被问到的问题，来说说如何给宝宝做鼻腔护理。

问题一：为什么每天给宝宝清理鼻屎，鼻屎还是很多？

首先，我们要知道的是，不能过度清洁宝宝的鼻子。这是因为宝宝的鼻腔较短，而且不像成人有鼻毛保护，宝宝的鼻黏膜比较柔嫩。如果总是给宝宝挖鼻孔、清理鼻屎，鼻黏膜受到刺激，就更容易流鼻涕和发痒，鼻屎也就更多。

其次，鼻涕、鼻屎虽然看起来不堪入目，但它们是宝宝鼻腔的天然屏障，频繁清理反而容易引起呼吸道感染。

最后，宝宝的鼻腔内血管丰富，如果清理时不小心，还会把鼻子抠破导致流鼻血。破了的地方结痂后又会发痒，宝宝就会忍不住去抠鼻子，这样就很容易再次抠破，形成恶性循环。

问题二：宝宝的鼻屎不能挖，那到底要怎么清理呢？

　　在大多数情况下，不必清理宝宝的鼻屎。如果感觉宝宝鼻屎较多导致呼吸不畅，可以用生理盐水喷鼻、滴鼻，让宝宝仰头躺一会儿，软化鼻屎。再用棉签或纸巾处理鼻涕，或者让宝宝趴一会儿，让鼻屎自己流出来。

　　当然，说了这么多，你可能还是觉得不够直观。丁香妈妈特意给你准备了一段"如何给宝宝进行鼻腔护理"的小视频，快扫描下方二维码观看吧！

丁香妈妈小课堂：
如何给宝宝进行鼻腔护理

怎么给宝宝剪指甲

你有没有因宝宝抓破自己的小脸蛋儿而难过的经历呢？别看宝宝的手很娇嫩，但是指甲的杀伤力却一点儿也不小。所以要时常检查宝宝的手指甲，一旦发现指甲长了，就要及时剪掉。

如何给宝宝剪指甲

◎ **准备专用婴儿指甲剪**

推荐理由：安全实用，灵活好操作，剪刃有自然的弧度，一次即可修剪成功，省时省力，让父母更轻松，宝宝更安全。

◎ **选择适合的时机**

对于幼龄的宝宝来说，最好在他熟睡期间剪指甲，可以防止宝宝乱动。另外，洗澡后，指甲比较软，如果宝宝能够配合，这也是修剪指甲的好时机。但是考虑到洗澡的时候，太长的指甲也容易划伤宝宝，丁香妈妈还是建议你在洗澡前就把宝宝的指甲修短。所以，宝宝熟睡的时候，是你给他剪指甲的最佳时机！

◎ **操作步骤**

- 握住宝宝的五根手指，避免宝宝在剪的期间乱动。

- 先剪指甲中部，再修剪两边。注意指甲不要剪得太短，和指尖齐平即可，不然有可能引起钳甲或甲沟炎。

- 用指甲锉磨平锐利的边缘部分，保证宝宝不会抓伤自己。

- 用指甲剪修剪宝宝手指上的倒刺，注意不要用手拔，这样不仅容易弄疼宝宝，还有可能引起感染。

- 如果宝宝指甲里有污垢，建议用清水冲洗或用湿纸巾擦拭，不要用牙签等尖锐物品挑出污垢，这样容易划伤宝宝。

最后还要提醒你的是，在宝宝满月之前，就应该给宝宝剪指甲。

大部分新生儿的指甲都已经超出了指尖，考虑到此阶段婴儿患过敏性湿疹的情况非常普遍，有的宝宝刚出生几天就会把自己的小脸抓得像小花猫，所以剪指甲还是很有必要的。

丁香妈妈小课堂：
如何给宝宝剪指甲

如果你一不小心剪伤宝宝，可以先按压伤口止血，然后用碘伏或酒精擦拭伤口。宝宝的身体修复能力很强，在创口不大的情况下，并不需要用纱布和绷带包扎。

怎么观察宝宝的排泄物

想要判断还不会说话的宝宝是否健康，很重要的一件事就是观察宝宝的排泄情况，其中可藏着不少线索。

新生儿宝宝的小便情况

一般来说，新生儿宝宝在出生 24 小时后至少会排尿 1 次，以后每天增加 1 次。从出生后第 7 天起，宝宝每天应该至少小便 7 次。宝宝小便的颜色一般是透明的浅黄色。如果宝宝排尿次数少或尿液颜色偏深，可能是由于喂食母乳的量不足，这时你就需要考虑增加喂养量。

新生儿宝宝的大便情况

新生儿宝宝会在出生后 24 小时内排出第一次大便。之后从第 3 天开始，宝宝每天至少应该大便 3 次。当然，宝宝具体的排便情况会受到喂养状况的影响。

一般来说，喝母乳的宝宝比喝配方奶的宝宝拉得更稀、更多，一天 5～6 次的排便都属正常范围，大便看上去是糊状的。而喝配方奶的宝宝拉出的"便便"较为黏稠，看上去会有点儿像芥末酱，排便次数也更少，一般每天排便 1～2 次。随着宝宝

日龄的增加，有些宝宝，尤其是以母乳喂养为主的宝宝，可能
2～3天甚至一周以上才排一次大便，大便多为糊状或者软便，
颜色正常，宝宝没有腹胀呕吐，吃睡生长和精神反应都很正常，
肛门每天都有排气，那么爸爸妈妈无须担心，这并非"便秘"，
而是传说中的"攒肚"。出现"攒肚"的情况是因为宝宝的肠道
完全吸收了奶类食物，每天产生的大便量很少，积聚数天才排一
次便。当然，我们也可以多给宝宝做抚触、腹部按摩、翻身等训
练，既能刺激宝宝肠道蠕动和排便，又能缓解肠胀气和促进大运
动发育。

讲完了质地和排便量，接下来我们来看看宝宝的"便便"的颜
色变化。宝宝出生后前两次大便的颜色一般为墨绿色，非常黏稠，
这是因为其中含有胎粪。当开始母乳喂养后，宝宝拉出来的"便便"
又会由墨绿色逐渐变为黄色。

除此之外，新生儿宝宝大便的颜色还会随着食物、宝宝身体状
况的变化而发生改变。接下来，我们就来具体看一下宝宝的"便便"
的颜色变化。

- 黑色：宝宝出生后的第一次大便一般都是黑黑的，像柏油一
样。这是因为其中包括了羊水、黏液、脱落的细胞等。
- 墨绿色：当宝宝开始喝母乳后，"便便"会逐渐变成墨绿色。
- 黄色：出生5天后，喝母乳的宝宝开始排稀便或粗颗粒状黄

色或略带绿色的"便便"。

- 淡黄色或灰黄色：喝配方奶的宝宝的"便便"一般为淡黄色，呈糊状。

- 其他颜色：等宝宝逐渐长大开始吃母乳以外的食物后，"便便"的颜色就更加丰富了。比如，甜菜可以让"便便"变红，蓝莓可能使宝宝的"便便"带上深蓝色的条纹。除此之外，你还经常可以在宝宝的"便便"中发现未消化的各种食物的颜色。

上面提到的这些宝宝的"便便"的颜色变化，都属于正常现象。但是如果宝宝的"便便"变成了下面这几种颜色，丁香妈妈就建议你带宝宝及时就医。

- 白色或灰色：可能被细菌感染或者有胆道疾病。

- 黑色：可能是消化道出血。

- 鲜血：消化道活动性出血或是来自大肠、直肠的出血。

- 绿色带黏液：可能存在病毒感染。

就诊时，记得描述这些信息：大便的性状（稀、干）、频率（一天几次）、量、颜色。提供的信息越详细，越有利于医生诊断。

总之，无论是大便还是小便，都藏着宝宝的健康密码。新手爸妈们记得要留心宝宝排尿、排便的次数和性状。如果新生儿在 48 小时内未排便、排尿，就要进行进一步的检查，判断是否存在器官发育的异常或闭锁。如果尿液或粪便的颜色异常，或混有黏液或血液，也要及早请医生进行检查和处理。

怎么清洁宝宝私处

很多爸爸妈妈觉得宝宝还小，往往会忽视"私处清洁"这个问题。其实，男女宝宝的私处清洁，在宝宝从出生后，爸妈们就得特别关注，千万不要因为害羞就不关注。

男宝宝私处的清洁

在清洁之前，我们先来了解一下男宝宝私处的一些特点。

男宝宝的阴茎外包裹着的一层皮肤，称为"包皮"。在正常情况下，包皮会覆盖龟头，且大部分都可以用手翻开。有些宝宝的包皮很长，这是"包皮过长"的表现。有些宝宝的包皮不仅长，而且开口窄，用手很难将阴茎头整个翻出来，这种情况叫作"包茎"。

宝宝天生伴有"包皮过长"或"包茎"的情况很常见，大部分宝宝都能随着年龄渐长恢复正常，割包皮更像是为了追求美观的整容手术，而不是必需品。所以，丁香妈妈并不推荐你在宝宝刚出生的时候就带他去做割包皮手术。

随着宝宝长大，在儿童期或青春期还会出现龟头炎反复发作或者包茎情况没有改善的情况，这时再考虑带孩子去做割包皮手术也来得及。

接着，我们就来看看如何清洁男宝宝的私处。

你首先要轻轻地将宝宝私处的包皮往回拉，如果宝宝的包皮还不能翻下来，这个时候就只需要用清水冲洗并轻轻擦拭就可以了，不需要清洁包皮褶皱处的皮肤和宝宝的包皮垢。

随着宝宝长大，包皮自然回缩，这个时候就需要你帮忙清洗包皮垢了。具体的步骤如下：

第一步，温和护理：用适合婴儿的温和沐浴液和清水对包皮内侧进行清洁即可，没有必要使用特殊的清洁剂或是棉签，过度清洁反而会造成刺激。

第二步，彻底清洁：注意对包皮内侧进行彻底清洁，并确保及时干燥。

第三步，记得翻回：轻轻地将包皮翻回并覆盖龟头。

宝宝的私处是很重要的部位，所以在做好日常清洁之外，还要多留意各种异常情况，以便在出现问题时及时送宝宝就医。以下情况在宝宝身上较常见，爸爸妈妈要多多留心。

■ 包皮内有"小异物"。

■ 小便次数明显增多，但每次尿量很少，小便时伴有哭闹现象。

- 尿线细、排尿不畅。

- 在排尿过程中，包皮充满尿液或气泡，尿道口鼓起一个包。

- 包皮红肿、发痒、无法回缩。

一旦出现上述情况，要及时带宝宝去看医生。

女宝宝私处的清洁

新生儿女宝宝的阴部比较扁平，你在进行护理时，只需要将毛巾套在拇指上，轻柔翻开大阴唇边缘，用流水清洗即可。洗完用干净柔软的毛巾轻轻擦拭就好。注意要从前往后擦或者冲洗，不容易洗净的地方用温水多冲冲，软化附着物，然后轻轻擦去。如果你发现自家女宝宝私处有"假月经""假白带"的现象，也只需用同样的方法清洗。

清洁的时候只需要用清水，不需要用特殊的洗剂，更不要过度清洁外阴分泌物，否则会增加宝宝阴部局部感染的风险，还可能因为清理过度造成宝宝阴部局部黏膜的损伤。

怎么给宝宝做抚触

刚出生的宝宝，不会说话，甚至不太看得清楚你，但这时候我们还是有和宝宝沟通、建立联系的好方法——抚触，也就是我们常说的给宝宝做按摩。

在宝宝出生 2 天后，你就可以给宝宝做抚触了。你们还没出院的时候，护士会给宝宝做抚触。出院前，医生也会特意叮嘱你在家给宝宝做抚触。

抚触对宝宝的安全感和性格好处多多

妈妈抚摸宝宝，是妈妈对宝宝表达爱的一种方式，不要小看这"摸一摸、揉一揉"的动作，只要方法科学、得当，并坚持做，对宝宝有各种各样的好处。比如，给宝宝的小肚子做按摩，宝宝吃奶会更加起劲；宝宝烦躁的次数似乎变少了，躺在小床上也更安静了；宝宝对于你的触摸更加敏感了，会对着你眯着眼咯咯笑，一副很享受的样子……

更重要的是，抚触可以帮助你从宝宝生命的最早期建立良好的亲子关系。这种安全感和信任感会让宝宝在未来的生活和社交中，更加自信、更加勇敢，有更加强烈的表达意愿。

抚触前的准备工作

在给宝宝做抚触时，你可能会遇到宝宝不配合的情况。这就需要你在抚触前做好准备工作。

在给宝宝做抚触时，房间布置要温馨舒适，室内温度25～

28℃，湿度50%~60%，光线柔和，播放一些轻柔的音乐。另外，妈妈需要取下戒指，不留长指甲，洗净双手，保持掌心温暖。

如何给宝宝做抚触

　　做好准备工作后，我们就可以开始给宝宝做按摩了。让我们先来挑选一个合适的时间点。洗澡之后、午睡之后或者是睡觉前，都是宝宝乐意和你互动的时间。宝宝饥饿或者烦躁时，可能就会不那么配合。

　　每天在合适的时候，给宝宝做2~3次抚触，每次15分钟。刚开始做抚触的时候，可以每次时间稍短一些，然后逐渐延长。

　　具体应该怎么做呢？

　　为了减少摩擦和刺激，抚触前需要温暖双手，倒一些婴儿润肤油或抚触油于掌心，双手涂匀，轻轻地在婴儿的肌肤上滑动。注意手掌不要离开婴儿的皮肤，力度要适宜。抚触开始时，动作要轻，然后逐渐增加压力，每个动作3~5次。

　　抚触的顺序：头面部→腹部→四肢→背部

◎ **头面部**

- 用两手拇指从前额中央向两侧推。

- 用两手拇指从下颌中央向外上方滑动。

- 两手掌从前额发际抚向枕后，两手中指分别停在耳后的乳突部。

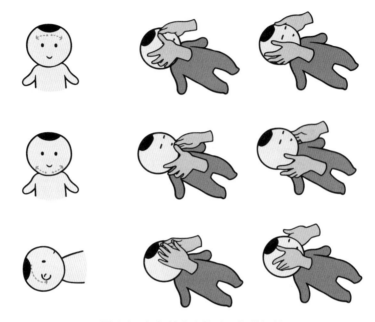

图 2.6　如何给宝宝的头面部做抚触

◎ **腹部**

两手依次顺时针从婴儿的右下腹经上腹抚触到左下腹，要避开脐部。

看完上面的描述，你可能还是有些云里雾里。不用担心，扫描下面的二维码，跟着丁香妈妈学习如何给宝宝做腹部抚触吧。

◎ **四肢**

两手抓住婴儿的一只胳膊，交替从上臂向手腕轻轻挤捏，并揉搓大肌肉群。

腿部的手法同手臂，从大腿向脚踝滑动，并揉搓大肌肉群，虎
口对着婴儿的脚。

图 2.7　如何给宝宝的四肢做抚触

◎ 背部

使宝宝呈俯卧位，两手掌分别放置于宝宝脊柱两侧，由中央向两侧滑动。

抚触的注意事项

- 宝宝疲劳、烦躁时不要进行抚触。
- 抚触时要和宝宝进行眼神交流，进行亲切的对话，让宝宝始终处于愉悦的状态。
- 不要强迫宝宝摆固定的姿势。
- 如果宝宝出现这些情况要停止做抚触：呕吐、哭闹、肤色变化、身体僵硬、全身紧绷等。
- 不要将抚触油弄到宝宝眼睛里。

排查两种问题

医生有话说

冯雪英

青岛大学附属医院儿童保健科副主任医师

给宝宝做抚触时，如果宝宝不配合或者觉得不舒服，可能是宝宝没有放松，你可以先给宝宝做肌肉按摩，然后做抚触。

如果宝宝已经放松下来了，但是被抚触后感觉不舒服或者被你一碰就哭闹，那建议你及时带宝宝就医，排查宝宝是否存在这两种问题：宝宝的肌张力可能有问题，宝宝的神经发育可能有问题。

给宝宝营造良好的成长环境

安全舒适的家居环境是宝宝健康成长的良好保障。爸爸妈妈一定要细心安排，让宝宝在安全的家居环境中快乐地成长。

安全的婴儿床

刚出生的宝宝绝大部分时间都在婴儿床上，不过婴儿床没有布置好，可能会给宝宝带来很多安全风险，增加婴儿猝死的风险。丁香妈妈为你准备了 7 条自检清单，你可以一一对照，打钩确认。

- □ 撕掉床垫所有的塑料包装
- □ 床垫和床的尺寸合适，中间没有空隙
- □ 尽量和宝宝分床睡，1 岁前同房不同床最佳
- □ 床垫不要太软
- □ 床上不要放抱枕、玩具等杂物
- □ 不要使用安全床围
- □ 睡觉时让宝宝仰着睡，不要盖得太厚，更不要盖住头部

除了安全，爸爸妈妈还应该注意给宝宝营造一个湿度、温度适宜，并且无烟的生活环境。

适宜的温度和湿度

宝宝是高温中暑的高危人群，在天气炎热的时候，建议爸爸妈妈打开空调，将室温控制在26～28℃。具体可自行判断，在开空调后，人进入空调房，觉得凉爽就是合适的。除此之外，用空调的时候，还需要注意不要让空调风直接对着宝宝吹。

如果房间的湿度太低，宝宝容易感到鼻子不舒服，尤其是如果宝宝或家人患有鼻炎，则建议将湿度控制在40%～50%，这样利于除螨，减少鼻炎的发作。

还需要注意的是：

（1）假如湿度在40%以下，建议使用加湿器。不建议洒水或放几盆水，因为这样做不但加湿效果不佳，风险反而会增加，比如你可能会因为地滑而摔伤。

（2）使用加湿器时一定要注意安全，按照产品说明书操作。容器要时常彻底清洗，容器中的水要经常换。

（3）时刻检测屋内湿度，不能太湿。在湿热环境下，人体散热功能受限，皮肤产生的汗液不容易挥发，导致体温调节中枢紊乱，会让人感觉闷，甚至中暑。

无烟环境真的很重要

很多夫妻在妻子的孕期会担心电子产品有辐射的问题，但却忽略了给宝宝营造无烟环境的重要性。

关于吸烟的危害，你应该或多或少都了解一些。但是对于二手烟的危害，不知道你是否也一样清楚？

二手烟，又叫烟草烟雾污染，吸烟者吐出来的烟雾和卷烟燃烧时产生的烟雾，都属于二手烟。它几乎存在于我们生活的每一寸空间中，危害着宝宝的健康。

在生活中，你可能会遇到这样的情况：

- 抱孩子走进电梯，扑面就是一股呛人的气味。
- 带宝宝去餐厅，旁桌的人"啪嗒"就点燃了烟。

甚至在家里也难逃祸害：

- 爷爷一手抱娃一手抽烟。
- 亲戚串门，一边聊天，一边开始抽烟。
- 逢年过节，屋子里烟雾缭绕更是堪比"人间仙境"。

每次说到二手烟的危害时，总有人觉得：不就是一两根烟吗？也没多大害处吧？这种想法大错特错。二手烟对宝宝的危害，比一般人想象的严重得多。

◎ 二手烟对宝宝的危害

（1）导致呼吸系统不适，甚至引发疾病。

小宝宝的支气管比较平直，二手烟中的有害物质能"长驱直入"地通过呼吸道进入肺泡，逐渐积累。这会使孩子更容易感冒、咳嗽，患支气管炎、哮喘等呼吸道疾病。加上宝宝的肺部发育不完善，有害物质也会让宝宝的肺功能下降。成年之后，患上肺癌的概率会大大增加。

（2）导致中耳炎、听力损失等耳部疾病。

二手烟会使宝宝中耳内的黏液变多，一旦形成积液，就容易引发中耳炎。更严重的情况是，二手烟会导致听力损伤，听力下降，甚至永久性耳聋。

（3）导致婴儿猝死综合征。

有数据显示，约10%的婴儿猝死情况都是由二手烟导致的。很多宝宝是在睡眠中，无声无息地离我们而去的。

（4）其他危害。

二手烟还会增加孩子患龋齿的风险，增加宝宝出现学习和神经行为问题的风险，增加儿童患白血病、淋巴瘤、脑部恶性肿瘤的风险，等等。

◎ **完全禁烟是唯一的办法**

丁香妈妈在这里想特别强调一下，二手烟的暴露没有安全水平！也就是说，即便是短时间吸入二手烟，也会给孩子带来不可逆的损害。无论是通风排气，还是放绿植吸毒，通通没用，唯一的办法就是完全禁烟。

不吸烟是一件百利而无一害的事，你要重视这件事，有意识地给宝宝营造无烟、健康的成长环境。

三手烟的危害，你知道吗？

医生有话说

杨泽方

丁香诊所负责人

不少人在意识到二手烟的危害后，会说：那我不在孩子面前抽烟，在外面抽完再进屋，或者通风散气不就可以了？

其实这样做，二手烟是没了，但三手烟还在。烟雾中的有害物质会残留在吸烟的地方，残留在吸烟者的手指、头发、衣服、皮肤上，附着在家里的沙发上、地上、家具上，甚至墙壁上，并且时间可以长达 6 个月。

当宝宝的手触碰这些物品，然后毫无防备地将手伸进嘴巴里时，悄无声息的伤害就造成了。这些有害物质会持续地钻进孩子的呼吸道、耳朵，甚至皮肤，增加孩子患呼吸系统疾病、心脑血管疾病、中耳炎、癌症的风险。

所以你要做的不是背着宝宝吸烟，而是完全戒烟。

喂养

不管你是不是新手妈妈，肯定都知道要么给宝宝喂母乳，要么给宝宝喂奶粉（也就是我们说的配方奶）。但是两者是有区别的，要知道，母乳是优于配方奶的。相对于配方奶，母乳就是"一直被模仿，从未被超越"的存在。

母乳有哪些难以被取代的优点

首先，母乳中的营养成分不多也不少，能够完美地符合宝宝生长发育的需要，也不会给宝宝的身体代谢增加额外的负担。

其次，母乳中含有的免疫成分能增加宝宝的抵抗力。所以，喝母乳的宝宝患中耳炎、胃肠感染、湿疹、食物过敏、呼吸系统疾病、肥胖症等疾病的风险也更低。

最后，母乳在其他方面也体现出配方奶难以取代的优势，例如可以增进母子感情、促进宝宝认知发育、降低发生感染性疾病的风险，以及促进母体恢复、降低疾病风险等。

即使宝宝 1 岁左右，可以直接喝牛奶了，也建议母乳优先，继续用母乳喂养对宝宝来说还是有很多好处的。世界卫生组织（WHO）也建议，对于 6 个月内的婴儿，应用纯母乳喂养，并在添加辅食的基础上持续用母乳喂养到 2 岁甚至更久。

如果你有母乳喂养的条件，就不要随便给宝宝喝配方奶了。

掌握正确时间和姿势，哺乳更顺利

了解了母乳喂养的优点，接下来我们再说说如何正确地给宝宝喂母乳，相信你肯定可以做得很好。

总的来说，用母乳喂养的你需要做到以下三点。

第一，留心。留心宝宝的行为，如果宝宝看上去饿了，就给他喂奶。咂嘴的声音、小手伸到嘴边、转到你怀里等行为都是宝宝饥饿的信号。

第二，耐心。宝宝吸吮一侧乳房通常要花 10～20 分钟，妈妈在这时要有耐心。

第三，舒心。坐着喂奶时把双脚垫高，在胳膊下放个枕头作为支撑，保持你和宝宝都舒服的姿势。

你可能会有个小疑问：宝宝睡着时还需要喂奶吗？答案不是绝对的。

（1）不到 1 周的宝宝需要被叫醒后才能喝奶。给不满 1 周的宝宝喂奶，你需要保证每天喂 8 次以上，间隔最长不能超过 4 小时。在维持这个喂奶的频率下，可以适时地叫醒宝宝喝奶。

（2）1～2 个月的宝宝如果饿了，会自己醒来吃奶，不饿就会一直睡，所以不需要特意叫醒宝宝起来吃奶。

如果你想把宝宝从睡梦中唤醒，可以试着拍打他的小屁股。除此之外，揭开被单、换尿布、轻轻按摩、抱起贴在胸前、用稍凉的毛巾擦拭额头等柔和的方法也都可以尝试。

喂奶的正确姿势

回想一下，你在给宝宝喂母乳的过程中，有没有遇到过乳头疼痛、乳头长小泡、患乳腺炎等情况。

如果你遇到过这些情况，那你就要关注一下你的哺乳姿势了。

不过，虽然哺乳姿势很重要，但是其实并不存在什么特定且完美的哺乳姿势。只要你和宝宝都感到舒适，宝宝能够吃到足够的奶，那就是适合你们母子最独特的完美姿势。

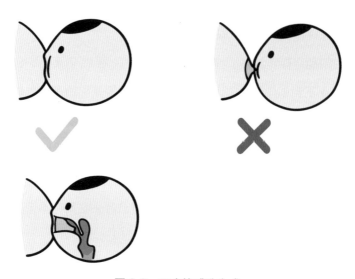

图 2.8　正确的哺乳方式

然而这也不是无迹可寻的，因为各种舒适、有效的哺乳姿势有一些通用的要点。只要做好以下五点，那你想怎么喂就怎么喂。

- 要确保宝宝的身体成一条直线。
- 让宝宝尽可能地紧贴妈妈的身体，下巴贴住乳房。
- 宝宝的头部需要适当的支撑，同时要保证宝宝的头部能自由活动。

- 不能把宝宝的头压向乳房，这样会造成宝宝衔乳浅，这不仅无法让宝宝有效吃到乳汁，而且会让妈妈的乳头感到疼痛。

- 尽可能让宝宝张大嘴，上下嘴唇外翻，含住乳头和一部分乳晕，宝宝的吸吮声应该是深长且缓慢的。

光知道这五个要点，你心里可能对适合自己的哺乳姿势还是没有一个具体的概念。你可以参考以下几种常见的哺乳姿势，摸索出最适合你的哺乳姿势。

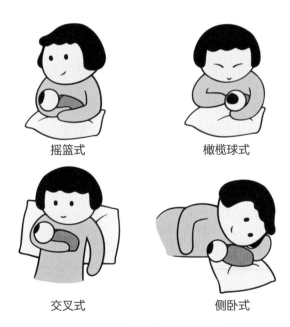

摇篮式　　　　　　　橄榄球式

交叉式　　　　　　　侧卧式

图 2.9　几种常见的哺乳姿势

如果你分娩后身体比较弱，坐着不舒服，可以选择侧躺或者半躺的姿势喂奶。这两种姿势适用于大部分的妈妈和宝宝。

妈妈侧躺时，应让宝宝侧身面对位置较低的那侧乳房。可以用垫子、纱布卷支撑住宝宝的后背，也可用妈妈的对侧手臂支撑住宝宝的脖子和肩胛骨。但是，如果宝宝的吮吸力比较弱或者吐奶、呛奶特别明显的话，则不建议采用这种姿势。如果你担心自己在夜间喂奶时会睡着，也不推荐用这种姿势。

另外要提醒你的是，侧躺的姿势只适用于母乳喂养，如果用奶瓶，就不能让宝宝躺着喝奶了，尤其不适合平躺。因为这不光可能造成"地包天"，还会增加宝宝感染中耳炎的风险。

后躺式哺乳是近些年来被广为推荐的哺乳姿势，尤其适合新生儿早肌肤接触、早开奶时。许多妈妈尝试多种哺乳姿势失败后学会了后躺式，觉得非常神奇。你还可以向后半躺着或者平躺，身后用枕头或者靠垫做支撑，把宝宝放在胸前。后躺式哺乳可以对抗重力，帮宝宝缓冲过急的奶阵，解决宝宝呛奶的问题。

不过，即使在月子里，你也不可能一直躺在床上，那么，坐着时应该如何哺乳呢？有以下三种常见的姿势。

◎ 摇篮式

这个姿势适用于所有妈妈和宝宝。具体做法：妈妈把宝宝横抱在身前，左臂抱时让宝宝吸吮左乳房，右臂抱时让宝宝吸吮右乳房。

宝宝的头可以靠在妈妈的手臂中，妈妈坐着或站着都可以。

◎ **交叉式**

交叉式哺乳和摇篮式的抱法一样，但抱住宝宝的是对侧的手臂，这样可以让你更好地支撑宝宝的头部，控制宝宝的方向。这尤其适用于含乳有困难的宝宝。

◎ **橄榄球式**

这种姿势适用于剖宫产后伤口疼痛或是同时喂两个宝宝的妈妈。具体做法：把宝宝夹在臂弯下，就像运动员夹着橄榄球的动作，手臂可以支撑在椅子的扶手或者靠垫上。有些宝宝一开始只认一侧乳头，那么也可以这样喂。

丁香妈妈小课堂：
三种哺乳姿势

总的来说，在你刚开始给宝宝喂母乳时，乳头有轻微疼痛是正常的。一旦你找到合适的哺乳姿势，疼痛自然会逐渐消失。但如果你感觉疼痛加重或者疼痛持续了较长时间，还是建议你尽快去看医生。

喂奶的时间

喂奶的姿势固然重要，但是光有舒适的姿势是不够的，你还要掌握好喂奶的时间，这样才能和宝宝之间形成完美的喂养默契。那应该在什么时间给宝宝喂奶呢？

可能你或者你身边的一些妈妈会选择等奶涨了再喂，觉得这样奶水更足，宝宝会吃得更饱。其实并不需要这样做，宝宝每次喝奶并不会把妈妈乳房里的奶全喝完，而且乳汁的产生也是源源不断的。

实际上，只要你观察到宝宝发出了饥饿信号，就应该及时哺乳。还有一点值得注意，喂奶的时候，一定要让一侧乳房喂完了，再喂另外一侧。

奶水不够的解决方案

不少妈妈总是会担心自己的奶水不够。其实，你大可不必太担心。大部分妈妈的奶水都是足够的，只要宝宝能吃饱，就没有必要人为增加自己的奶水量，并不是说让自己变成"大奶牛"对宝宝才是最好的。

总的来说，判断宝宝有没有吃饱，有两个指标：大小便次数、体重变化。

大小便次数：出生第 4 天之后，宝宝每天小便 6～8 次，排 2～5 次黄色的大便。有的宝宝在出生后 1 个月左右，大便次数会减少，甚至几天才排一次，但是每次量很多，这也是正常的。

体重变化：宝宝一般在出生后两三天体重降到最低，如果体重减少超过了 7% 就需要请医生或者泌乳专家看一看是什么原因。出生第 5 天后，宝宝一般能够每天长 20～30g，在出生后 10～14 天恢复到出生时的体重。3 个月后，宝宝的体重大约每周增长 120～210g。

如果你的宝宝是由混合喂养转回母乳喂养，或者你觉得宝宝吃不饱，这个时候才需要考虑如何追奶。

想要科学地增加奶量，也很简单，那就是增加乳房被宝宝吮吸的次数。

你可以每天喂 8～12 次，增加宝宝吮吸乳头的次数，这会刺激奶水的分泌，也会让宝宝喝到更多母乳。

如果宝宝不愿意多次喝奶，或者你是已经上班的妈妈，那你也可以用吸奶器模拟宝宝吮吸的方式。

你可以一档档向上调节吸奶器的吸力，找到让你感觉最舒适的那一档，同时轻轻按压乳房，这样奶水会更多。一般来说，每次挤奶 8 分钟左右就可以了，并不需要持续太长时间。在追奶这件事上，提高挤奶的频率比延长挤奶的时间有效得多。

吸完之后，你还需要用手挤奶 3～5 分钟，将乳房里的乳汁继续排出。

最后还要提醒你的是，即使你因为奶水不够，担心宝宝吃不饱而着急，也不要选择用月子酒、喝浓汤等方式下奶，这些方法没用不说，还可能伤害你和宝宝的身体。比如，喝浓汤下奶不仅会让你变胖，还可能增加患乳腺炎的风险，如果真的生了病，你自己遭罪，宝宝就更加吃不好了。

宝宝吐奶的解决方案

关于母乳的层层难题都被你破解了，你已经可以熟练地给宝宝喂母乳了。但是你可能会发现宝宝有吐奶的情况。

吐奶是什么？吐奶也称作"溢奶"。有时，宝宝在吃完奶后，奶水会顺着嘴角流出或随着打嗝流出；当宝宝情绪兴奋、动作幅度较大时，奶水会突然从他的口腔、鼻孔涌出。这些情况都是宝宝吐奶的表现，这时你不用担心，吐奶一般不会引起宝宝不适。

吐奶的原因也很简单，不足 6 个月的宝宝的消化系统尚未发育成熟，所以溢奶情况经常发生。随着宝宝长大，发生溢奶的频率会逐渐降低，一般一岁左右就会基本消失。

以下 10 个注意事项，可以有效地减少吐奶的发生。

（1）首选母乳喂养；要顺应喂养，不要强迫喂养、过度喂养。

（2）不要等宝宝很饿了才喂奶，尽量在宝宝处于平静、愉快的状态下喂奶。

（3）在宝宝清醒的状态下喂奶，选半坐位或斜位喂奶，不要让宝宝平躺着吃奶。

（4）母乳喂养时，应让宝宝含住大部分乳晕；用奶瓶喂奶时，应让奶嘴中充满奶，奶嘴的大小也要合适，以避免宝宝吞入太多空气。

（5）可尝试在每次喂奶 3～5 分钟后，暂停一下，轻拍宝宝背部（拍嗝），再继续喂奶；喂完奶后将宝宝竖着抱 20～30 分钟，让宝宝趴在大人的肩膀上，大人可用手轻拍其背部（若能打嗝，排出胃内气体更好）。

（6）可尝试少量、多次地喂奶，以防一次性喂奶量过多、宝宝太饱而引起溢奶。

（7）在宝宝喝奶前更换干净的尿布，若喂奶后宝宝排便了，一定要更换尿布或清洗宝宝的屁股。

（8）要注意尽量不要让宝宝的下肢及腹部高于躯干，以降低胃内压。

（9）添加辅食后，泥糊状辅食可能有助于减少宝宝溢奶，不要过多地喂水、果汁、菜汁，这会加重溢奶的情况。

（10）如果宝宝没有频繁吐奶，半夜喂奶就没必要特地将宝宝抱起来拍背。但如果宝宝吐奶频繁，即使是半夜喂奶，也应该在宝宝清醒的状态下取半坐位或斜位喂奶，不要让宝宝平躺着吃奶，喂完后要记得拍背。

如果宝宝溢奶时，突然呛咳，也就是呛奶了，你千万不要急着让宝宝坐起来，这样可能会让奶进入宝宝肺部。如果只是轻微呛奶，你可以让宝宝的脸侧向一边，然后轻轻拍宝宝的背；如果呛咳较重，你可以让宝宝俯卧在你的腿上，用力拍宝宝的背，让奶液流出来。

你也可以通过扫描下方二维码，查看具体操作。

丁香妈妈小课堂：
给宝宝喂奶后该怎么拍嗝

新手爸妈的第二种选择：混合喂养

虽然你已经知道母乳是宝宝健康成长的第一选择。然而由于各种原因，还有不少妈妈有时候不能给宝宝完全提供母乳喂养。

这个时候，你不用着急或自责，作为一名妈妈，你已经做得很好了，并不是说母乳不够，就是犯错。况且，也并不是吃母乳的宝宝才能变得聪明、漂亮，只要认真并耐心地喂养，每个宝宝就都是潜力股。

当你的母乳不够宝宝喝时，混合喂养就是一种很好的选择。

混合喂养一般有两种方法：补授法和代授法。

◎ **补授法**

如果你有母乳，但是奶水不足，同时宝宝又不满 6 个月，那么就可以试试这种办法。补授时，母乳哺喂次数可以不变，每次先喂母乳，将两侧乳房吸空后再给宝宝喝配方奶来补足母乳不足的部分，宝宝缺多少就补多少。这种方法有利于刺激母乳分泌，甚至能够帮助妈妈成功追奶。

◎ **代授法**

如果你的宝宝 4~6 个月了，而你又要上班，导致白天无法哺乳。那么在你准备引入配方奶时，可以试试代授法。代授，就是用配方奶代替母乳。喂奶时，逐渐减少母乳量，增加配方奶量，直到用配方奶完全代替母乳。

配方奶的选择

母乳是婴儿最好的食物，但因为种种原因，总有许多母亲无法实现纯母乳喂养。配方奶就是在你的母乳供给不足时，作为补充喂养的一种选择。

◎ **如何为宝宝选择适合的婴儿配方奶粉**

在配方奶的选择中，妈妈们最关注的恐怕就是奶粉的配方了。

目前市场上正规品牌的配方奶粉中，基本成分都是国家标准中规定的，属于婴儿成长发育的必需成分，它们包括：

（1）主要营养素。

■ 蛋白质、脂肪（亚油酸、α–亚麻酸等）、碳水化合物。

■ 维生素 A、维生素 B、维生素 C、维生素 D、维生素 E、叶酸等。

■ 矿物质及人体必需的微量元素（钠、钾、钙、铁、锌、硒、镁、碘等）。

（2）可选添加成分。

■ DHA（二十二碳六烯酸）、AA（花生四烯酸）、胆碱、肌醇、核苷酸、牛磺酸等。

关于 DHA 和 AA 的健康作用，科学界已有共识，它们对婴幼儿脑部和视力的发育有帮助。现在市售的婴儿配方奶中一般都添加了 DHA 和 AA，用母乳喂养的妈妈通过均衡的膳食也能提高母乳中 DHA 和 AA 的含量。

奶粉产品背面"营养成分表"中都标明了这些内容。一般来说，合格的婴儿配方奶粉的成分差别不大。

对于大多数健康的宝宝，只需选择普通的配方奶粉即可满足需求。但也有一些宝宝会出现"牛奶蛋白过敏""乳糖不耐受"等问题，这些宝宝就需要改吃有特殊配方的奶粉，具体更换成哪一种特殊配方奶粉，建议你根据宝宝的情况，听从医生的指导。

在这里，丁香妈妈根据《特殊医学用途婴儿配方食品通则》，简单列一下不同特殊配方奶粉的适用情况。

表 2.3　不同特殊配方奶粉的适用情况

产品类型	特殊医学情况	主要特点
乳蛋白部分水解配方	乳蛋白过敏高风险	适用于无法用母乳喂养及存在高过敏风险的婴儿（直系亲属中有过敏史）
乳蛋白深度水解配方或氨基酸配方	食物蛋白过敏	适用于对牛奶蛋白过敏的婴儿
无乳糖或低乳糖配方	乳糖不耐受	适用于乳糖不耐受的婴儿，常见的是腹泻导致继发性乳糖不耐受的患儿
早产 / 低出生体重儿配方	早产 / 低出生体重	应用于还在住院阶段的早产儿或低出生体重儿

◎ **配方奶分段**

在国家食品标准中，婴幼儿配方食品一般分为两段，一是针对婴儿（0～6 月龄），二是针对较大婴儿（6～12 月龄）和幼儿（12～36 月龄）。而在国内市场上销售的婴幼儿配方奶粉，分段方法不尽相同，这是企业基于配方奶粉产品标准从生产管理、质量控制、市场营销、营养学原理等各方面综合考虑的结果。市场上常见的分段方法是：一段奶粉适用于 0～6 月龄；二段奶粉适用于 6～12 月龄；三段奶粉适用于 12～36 月龄；四段奶粉适用于 36～72 月龄。

◎ **对于不同段位的奶粉，怎么吃才合适？**

经常有人问丁香妈妈，给宝宝吃比自己月龄早一段的奶粉可以吗？虽然这不至于危害宝宝的生命，但考虑到满足宝宝的营养需求，还是建议按照月龄选择对应的奶粉。与此同时，爸爸妈妈还要严格地按照产品标签上的推荐比例冲调奶粉，奶粉冲得过稠或过稀都不利于宝宝摄入营养。

◎ **怎么转换不同段位的奶粉？**

这里谈到的就是很多爸爸妈妈苦恼的"转奶"问题。其实你不用太紧张，不同品牌、不同阶段的奶粉在口味上的差异导致宝宝感到不熟悉而拒绝喝，是完全可以依靠"转奶"的方法逐渐改善的。

几乎所有的品牌都会在销售页面上给出"转奶"提醒，这里暂以表 2.4 作为参考。以宝宝每天喝五顿奶粉为例，每天早上吃的为第一顿，以此类推第二顿至第五顿。

表 2.4　宝宝转奶建议

	第一顿	第二顿	第三顿	第四顿	第五顿
第 1、2、3 天	旧	旧	新	旧	旧
第 4、5、6 天	旧	新	新	旧	旧
第 7、8、9 天	旧	新	新	新	旧
第 10、11、12 天	新	新	新	新	旧
第 13 天及以后	新	新	新	新	新

注："旧"代表当前喂养的奶粉，"新"代表想要转换的奶粉。

◎ "转奶"时有哪些注意事项？

以上"转奶"方法以每替换一顿旧奶粉适应 3 天为例，对于消化能力稍弱的宝宝可适当延长适应时间。另外，给宝宝"转奶"时要注意以下时间。

（1）要在宝宝的皮肤、大便无异常时"转奶"。

（2）宝宝有疾病时不要"转奶"。

（3）"转奶"期间不要添加新的辅食。

（4）避开疫苗接种期，待接种疫苗 7～10 天后再"转奶"。

配方奶喂养误区

说完了混合喂养，你是不是也感觉用配方奶粉喂养看起来既平常又简单，似乎比母乳喂养容易多了呢？但实际上，给宝宝喂配方奶时有很多小细节容易出错，有以下 6 个常见的误区。

◎ **误区一：先加奶粉后加水**

错误原因：大多数人都习惯先将奶粉倒入容器中，再加水。但这样冲泡配方奶粉，容易产生小结块，导致奶液不均匀，影响宝宝吸收；无法掌握水量，导致冲调比例不对。

正确做法：先取定量的温水，再加入对应量的奶粉，慢慢拌匀。

◎ **误区二：用烧开的水冲泡奶粉**

错误原因：温度过高的水会影响配方奶粉中维生素的活性，有些奶粉添加了益生菌，而开水会导致这些成分失效。

正确做法：冲泡不同的配方奶粉所需的水温不同，因此在冲泡奶粉之前一定要认真阅读产品说明。一般来说，配方奶粉的适宜冲泡温度是 40～60℃。

◎ **误区三：随意改变水和奶粉的比例**

错误原因：水加得太少，奶就会很浓稠，宝宝吃下去往往无法消化，甚至会腹泻或便秘；水加得太多，宝宝吃同样多的奶，却无法获得足够的营养。所以，千万不要随意改变水和奶粉的比例。

正确做法：配方奶粉的包装上都会明确标注冲调比例，一般标注形式是"XXX 毫升水加 XXX 勺奶粉"。另外，这里的"勺"指的是奶粉配套的勺子。

◎ **误区四：大力摇晃奶瓶后就给宝宝喝**

错误原因：有的爸爸妈妈为了调匀奶液，会大力摇晃奶瓶。实际上，大力摇晃奶瓶后会产生过多气泡，马上给宝宝喝，会让他吞入过多空气，导致吐奶、胀气，从而影响消化。

正确做法：用平缓的动作来转动奶瓶，并观察奶粉的溶解情况，或是在其他已消毒的大杯子里慢慢调匀，再倒入奶瓶。

◎ **误区五：提前冲好或多余的奶不能放进冰箱**

错误原因：如果你提前冲好奶粉或有多余的奶，实际上是能保存在冰箱里的。相反，不要泡完后一直放在温奶器上，因为这样容易使奶滋生病菌。

正确做法：提前冲好的奶被放置在室温环境下不能超过 1 小时。保存在冰箱里的奶，一般在数小时内可以继续喂给宝宝喝，但依然不宜存放太久，多余的奶最好在 24 小时内喝完，最长不能超过 48 小时。

◎ **误区六：用牛奶替代配方奶粉**

错误原因：牛奶会增加 1 岁以下宝宝的肾脏负担，甚至导致肠道疾病。对宝宝来说，牛奶中的营养成分是过剩的，是他们"承受不起"的。

正确做法：在宝宝 1 岁之前，不要给他喝牛奶。1 岁以后，宝宝才可以喝牛奶或其他全脂奶。

至于"如何冲泡奶粉""如何用奶瓶喂奶""如何清洗奶瓶",请扫码看看小视频吧。

丁香妈妈小课堂:
如何冲泡奶粉

丁香妈妈小课堂:
如何用奶瓶喂奶

丁香妈妈小课堂:
如何清洗奶瓶

睡眠

睡眠特征：时间长，不分昼夜

在新生儿时期，宝宝睡眠的主要特点就是总睡眠时间长，睡眠时间较分散，昼夜不分。

刚出生还没满月的宝宝，个个都是"睡神"，每天至少要睡16个小时。

新生儿时期的宝宝，虽然睡觉的总时间长，却比较分散，基本每2～3个小时就会醒来5～60分钟。这主要是因为宝宝的胃容量还很小，每2～3个小时就会饿醒，闹着要吃奶，等吃饱了自然又会睡去，中间清醒的时间非常短。另外，这个阶段的宝宝还不会区分白天和黑夜，白天睡几个小时会醒，晚上基本也是这样。

所以，在宝宝出生的头一个月，哄睡还不是让你最头疼的问题，让你睡眠不足的最大的问题主要是频繁的喂奶让你不适应。

用母乳喂养引导宝宝睡眠规律

不过，虽然没有哄睡的问题，夜里频繁的喂奶还是会让不少妈妈崩溃。在这个时期，最让你头疼的问题一定是"自己怎么才能睡得好"。所以，这个时候引导宝宝建立规律的睡眠习惯，就显得非常重要了。

在这个阶段，宝宝的睡眠规律尚未形成，我们不建议你过多地干预宝宝的睡眠。但想要引导宝宝形成规律的睡眠习惯，我们可以通过规律的母乳喂养来实现。宝宝的睡眠规律了，你也能轻松一些。

具体应该怎么做呢？

很简单，在宝宝出生后的头几天，以按需喂养为主，让宝宝多吮吸。一般2周以后，等你和宝宝形成了稳定的母乳喂养关系，就可以培养规律喂养了。

说到这里，你可能会问：月子里不是应该始终保持按需喂养吗？

其实，按需喂养和按时喂养并不矛盾。保证母乳充足就能满足宝宝的需求，这意味着宝宝随时都能吃饱，那么你自然就可以逐渐"进阶"至按时喂养。按时喂养频次建议：每 2.5～3 个小时哺乳一次。

睡眠小障碍：如何应对肠绞痛和日夜颠倒

虽然我们前面提到，新生儿宝宝几乎个个都是"睡神"，但还是会有少数宝宝和新手妈妈被睡眠问题困扰，最常见的原因就是肠绞痛和日夜颠倒。

肠绞痛

肠绞痛听起来很可怕，但实际上它并不是一种病，而是一种"宝宝身体健康但却会无法控制地哭闹"的症状。

肠绞痛哭闹多发生在傍晚或者晚上，通常从宝宝出生后 2 周的时候开始发生，出生后 6～8 周是高发期，出生后 10 周左右消失。发生肠绞痛时，宝宝一次哭的时间非常长，有时甚至长达 2～3 个小时，而且非常难安抚。

如果你的宝宝突然在夜里连续哭闹，有时候还会一边哭一边扭动身体，腿往肚子上蜷，那你就应该怀疑宝宝发生肠绞痛了。

这时候，你也不用慌，你可以在本书第六部分的"肠绞痛"章节里找到一些应对方法，对照着做做看。有必要的话，参考书里的"就医原则"，及时带宝宝去医院。

日夜颠倒

在第一个月，如果宝宝白天的连续睡眠时间超过了 3 个小时，你就需要把宝宝叫起来吃奶了。这样做是为了通过养成规律的母乳喂养习惯，帮助宝宝形成规律的睡眠，让宝宝意识到"白天是用来玩儿的，晚上是用来睡觉的"。

可能刚开始的几个月，宝宝在夜间还是会频繁醒来，不过不要着急，只要坚持培养宝宝形成规律的睡眠，等宝宝 3 个月左右时，部分宝宝夜里就不会再哭闹着要吃奶了。这表明宝宝已经具备区分白天和黑夜的能力。这时你就不需要再把宝宝叫起来吃奶，自己也可以睡个整觉了。

宝宝怎么睡最安全？

医生有话说

朱笑婕

IPHI 认证睡眠咨询师

婴儿猝死综合征和婴儿的睡眠有关吗？有关。

新生儿的呼吸道狭小，容易发生窒息，为了守护宝宝的健康，以下两点你要特别注意。

● 仰睡最安全

仰睡是唯一安全的睡姿。趴着睡或侧着睡都会增加婴儿猝死综合征的发生风险。美国儿科学会从 1992 年起就倡导婴儿仰睡的理念，更在 1994 年发起了一场著名的"仰睡倡议"。十年间，美国婴儿猝死综合征的发生率降低了 53%。

● 安全的睡眠环境

床面过于柔软，床上有枕头、毛毯、填充玩具等用品，睡眠时的室温过高，与父母同床，等等，都会增加婴儿猝死综合征的发生风险。所以，同房不同床是最好的选择，你可以让宝宝的床离你近一点儿，方便你关注宝宝的情况。同时，婴儿床应该牢固，床垫应平坦坚实，不要在床上放多余的枕头、毛毯一类的物品，也可以选择贴身睡袋代替被子、毛毯。

3

1～3 月齢

　　孩子满月后，相信你已经不会像刚做妈妈时那样手忙脚乱了，照顾宝宝也开始得心应手起来。过了产褥期，产后塑形是你可以提上日程的大事了。积极喂养，再辅之以一些简单的运动，你就会发现你的身体每天都发生着好的变化。

　　而 1~3 月龄的宝宝，与每天吃吃睡睡、完全依赖他人的新生儿相比，已经是一个活泼又机灵的小家伙了。他逐渐有了吃、活动、睡觉等有规律的生活，也变得喜欢和人接触，白天醒着的时间也越来越长。同时，由于胃容量的增加，宝宝晚上吃奶的次数会逐渐减少，出生 3 个月左右，部分宝宝就能睡满一整夜，妈妈也可以睡个好觉了。

丁香妈妈的小建议

在这一阶段，丁香妈妈给你三个小建议，帮助你更轻松地做妈妈。

1. 产后 6 周在医生的确认下，就可以开始运动，逐渐把体重控制回孕前的状态。

2. 和宝宝积极地互动，增加宝宝的安全感。

3. 开始培养宝宝规律的睡眠习惯。

妈妈准备好

"月子病"

不少人都知道坐月子其实没有那么多禁忌，可是很多人就是不敢相信这一点。因为在现实生活中，不少人就是遇到了生完孩子后总是腰酸背痛、眼睛干涩、掉头发等情况，于是便觉得是自己的月子没坐好，得了"月子病"，事实真是如此吗？

妈妈产后会有哪些"不舒服"

其实，在现代医学界中，并没有"月子病"的说法。产妇的身体在产后的确会出现一些特殊的状况，比如出汗多、掉头发、关节疼痛、头疼、怕冷等，但这些都不是"月子病"，而是另有他因。

产后脱发

产后脱发最常见的原因不是坐月子时洗头了，而是休止期脱发。

因为怀孕的原因，我们的头发从生长期到休止期的进程减慢了。在怀孕期间，由于生长期的延长，我们会发现我们的头发比孕前更厚、更密。而在产后 1~5 个月，我们处在休止期，于是你会发现自己脱发脱得很厉害。不过不用担心，这种休止期脱发一般会在产后 15 个月内逐渐好转。

腰痛

腰痛的原因有两类。一类是生产期间正常的生理变化：子宫增大导致身体重心前移，或者是因激素变化导致骶髂关节、骶尾关节及耻骨联合活动度增加。随着身体器官、激素水平恢复到产前，这类原因造成的腰痛会自然缓解。

另一类引起腰痛的原因更不是产妇专属的。比如腰肌劳损、子宫病变、节育环位置不对等。这些症状跟坐不坐月子并没有太大关系。改变自己不良的生活习惯，积极寻找腰疼的病因，寻求医生帮助，才是缓解腰疼的最好方法。

手臂和肩部不适

产妇的手臂和肩部不适也是一种正常的生理变化：怀孕期间，

子宫增大，带动了脊柱前凸，使颈部前伸、肩胛骨下垂，可能会牵拉尺神经和正中神经，从而造成手臂和肩膀酸痛，这跟月子期间用冷水洗手无关。

眼睛干涩

有人说，在月子里不能看手机、电脑和电视，否则会落下眼疾。这样的禁忌肯定不是老祖宗传下来的，因为他们都不知道手机、电脑为何物。

其实，不管你是不是在月子里，盯着发亮的屏幕看久了，都会造成眼睛的不适，这和坐月子没有必然的联系。

所以，产妇的很多症状都是正常的产后生理变化，是会随着身体的恢复而逐渐改善的，这不是"月子病"。

"月子病"更多的是"心病"

其实，所谓的"月子病"，很多时候是心病。妈妈们有了先入之见，就会下意识地去搜集相关例子，来佐证自己的观点。即使有再多的科学依据证明不存在"月子病"，她们对此还是深信不疑。

你可能会说，虽然看了不少科普文章，也知道这是没有科学依据的，可你真的觉得就是月子没坐好、用冷水，落下了病根，导致腰酸、腿疼、胳膊疼。其实，这种感受是一种常见的直觉错误。

这样的直觉错误其实有很多，比如你觉得"想坐的公交车总不来"，因为"想坐的公交车马上就来了"这种事实在是太舒适了，根本提不起记忆的兴趣。

所谓的"月子病"也是同样的道理。如果你恰好笃信"月子禁忌"，就更容易联想到"一定是月子没坐好，所以落下病根"。

生完孩子，人生还有数十年的路要走，在这么长的时间里，总会有各种不舒服。不管是不是女人、生不生孩子、坐不坐月子，都有可能生病。我们不能因为生过孩子，就把身体不舒服都归结到坐月子上去。

如何有效缓解身体不适

说了这么多，你应该知道了，产后的各种不舒适都不是因为月子没"坐"好导致的"病"。那么，该怎么缓解这些不舒服的症状呢？

脱发

一般来说，产后脱发是临时的，是会随着激素水平逐渐稳定而恢复的。绝大多数妈妈的头发数量会在宝宝一岁生日之前恢复正常，而许多人的恢复时间甚至会少于一年。

腰痛

新妈妈要照料孩子，比孕期的劳动量大很多，再加上不注意摆正姿势，很容易损伤腰部。对于这种情况，只要在孕期和产后注意摆正姿势、保护腰部，就能得到很好的缓解。比如：

- 蹲下捡东西，而不是弯腰去捡。
- 久坐时拿个枕头垫在腰部。
- 准备一个高一点儿的尿布台，避免总是弯腰换尿布。

手臂不适

一般在产褥期结束，身体各方面都恢复正常以后，手臂的不适感会自行消失，并不会留下后遗症。

眼睛不适

看手机和电脑时，因为距离较近，睫状肌会一直处于紧张状态。你可以每隔一段时间就看看远处，比如看看窗外，让眼睛放松一下。

在医学上，并没有"月子病"的说法。真正避免生病的方法，就是科学地坐月子，不要迷信谣言，这才是对自己最好的保护。

照顾产妇要注意

专家有话说

李 姗

国家注册生殖健康咨询师，阅读量超 10 亿的妇产科科普作者，
微信订阅号"医女正传"主笔人

照顾产妇坐月子，有四点要注意。

● 记得关注产妇

小宝宝刚出生，自然是大家关注的重点，但产妇也同样需要被关注，"产后抑郁"这事儿可不是说着玩儿的。照顾者要多注意观察产妇的情绪和心理变化，在各个方面都适当地给予照顾，比如在产妇忙不过来的时候搭把手，在她因为没经验而手忙脚乱的时候给予指导，而不要一味地指责。

● 饮食营养要保证

生产之后，产妇的饮食并没有特别的禁忌，反而更需要均衡的饮食来提供全面的营养。除了不可食用半生的鸡蛋和肉类，新鲜的蔬菜、水果、鱼虾等都可以吃。准备三餐时，尽量搭配各类食物，均衡营养，同时要适当照顾到产妇的口味，准备一些她喜欢吃的食物。

● 上厕所、洗澡要帮忙

分娩过程会对膀胱产生刺激，有时甚至会导致膀胱麻木，感觉不到尿意。在产后要定时提醒产妇上厕所，一两个小时最好就去小便一次。刚生产完，有些产妇还比较虚弱，如果是剖宫产，产妇还要经历伤口带来的疼痛和不适，上厕所、洗澡等会变得有些困难，在照顾产妇时也要注意这些方面。

● 充足睡眠要保障

在坐月子期间，妈妈的睡眠很重要，自己休息好，才能更好地照顾宝宝。在其他家务方面（比如换尿布、哄睡），家人应该多做一些，来减轻妈妈的负担，多给她一点儿休息时间。

产后塑形

宝宝出生 6 周以后，经过产科医生的确认，减肥终于可以提上新手妈妈们的日程了。相信这个时候的你，经过月子里积极的母乳喂养、科学饮食，体重已经开始稳步下降了。不过，你此时的体重离孕前的体重，肯定还有相当的距离。

那么，等产科医生确认你恢复得差不多了，可以开始运动了，你应该怎样计划恢复体重，成为一个辣妈呢？

控制体重，从科学饮食开始

控制体重，并不是指让你使用一些网络上流传的快速减肥法。对于妈妈们来说，每周减少 0.5kg，产后用 6 个月将体重恢复到孕前水平是比较合适的。这里所谓的"恢复到孕前水平",指的是体重差距在 1.5kg 以内就可以了。所以,产后恢复体重不要着急,要循序渐进。

不过,比起操之过急,更多的女性对于产后体重的恢复不是太着急,而是根本就不重视。不少女性抱有"生完孩子就是要胖的"的想法,把生孩子当成自己体重失控的借口。这也是很多妈妈自从生了第一胎,体重就再也没有降下来的原因。

但实际上,即使不是为了追求完美的身材,而仅仅是出于自身健康的考虑,产后的体重恢复也是非常重要的。

随访长达 15 年的一项研究显示,如果产后 1 年还没有恢复孕前体重水平,那么孕妇的体形将有超过 60% 的可能性发展为肥胖体形。关于肥胖对健康的影响,这里就不多说了。况且,有哪个女孩子希望自己变得肥胖呢?

那究竟应该怎么科学地干预体重呢?

在这个问题上,丁香妈妈不免要说一句老掉牙的话:关于减肥,具体的建议无外乎"饮食控制"和"适量运动"。不过,考虑到产后这个特殊的时期,比起"管住嘴、迈开腿",你第一步要做的,是修复你的盆底肌和腹直肌,这会让你的产后塑形计划事半功倍。

哺乳期运动影响母乳喂养吗？

医生有话说

高雅军

北京市海淀妇幼保健院主任医师，国际认证泌乳顾问

在哺乳期做运动会不会影响母乳喂养？不会。

很多人在产后拒绝控制体重的原因是："还喂着奶呢，减什么肥啊？"
于是产后体重的增加，又归结到"为了孩子"身上。

虽然曾经有研究认为，运动后乳汁的口味会偏酸，从而可能影响婴
儿对母乳的接受度。不过，对婴儿身高、体重的测量显示，这并不
影响婴儿发育，而且你完全可以在运动后把奶挤出，过 1～2 个小
时再给宝宝喂奶。而限制卡路里对于乳汁量的分泌也没有明显的
影响。

因此，目前的研究认为，饮食控制和适量运动都不影响母乳喂养。

盆底肌修复，告别漏尿烦恼

产后塑形的第一步，可不是对付肚子上的"游泳圈"，而是修复受损的盆底肌。

在母体怀孕期间，由于胎盘的压迫，盆底肌会在长期变形中受损，所以大部分妈妈的身体在产后都会出现"阴道松弛"的情况。

"阴道松弛"会导致憋尿能力下降，甚至在提重物或开怀大笑时，会因用力过猛出现漏尿的情况。除此之外，夫妻的性生活也会受到一定程度的影响。

所以，如何能更快地使阴道恢复紧致呢？那就是凯格尔运动。

凯格尔运动

凯格尔运动是一种重复收放盆底肌群的训练，优点在于可随时进行。你可以从平躺训练开始，随着熟练度增加，无论是在家里的沙发上，还是在办公室里，你都可以不动声色地训练。

在训练频率上，起初你可以尝试坚持收缩肌群 5 秒，再放松 5 秒，每组重复 4~5 次。之后可以逐渐延长至收缩 10 秒再放松 10 秒，每组重复 10 次以上。

不过，不常运动的妈妈们可能会找不到骨盆底肌群的位置，导致训练不得要领。那么让丁香妈妈告诉你这样两个小技巧。

　　第一个办法是憋尿，在憋尿时很容易找到盆底肌的用力位置。但如果你产后已经出现了漏尿的情况，这个办法可能很难实现，这时你就可以试试第二个办法。

　　第二个办法要复杂一些，需要你充分洗手后，把手指伸到自己的阴道里，同时尝试着收紧盆底肌，当你感觉到手指被包裹得更紧，并有往上的力量，那说明用力方式是正确的。

　　如果你对于将手指伸进阴道有些抵触，也可以选择阴道哑铃来进行凯格尔运动。

　　最后，丁香妈妈要说的是，训练需要坚持。如果你能坚持每日3组，持续8周以上，相信你一定能感觉到效果。

腹直肌修复，紧致小腹第一步

　　在掌握了盆底肌的修复技巧之后，我们就可以着手对付"游泳圈"了。

　　很多妈妈产后会通过锻炼来减轻体重，但是往往会出现这样一种现象：全身都瘦了，唯独肚子还是松松垮垮的。实际上，这是孕肚太大，两条腹直肌被拉伸分离所导致的。面对这种情况，千万不要着急，你要做的第一步就是腹直肌分离检查。

腹直肌分离检查

首先，仰卧在床上，两腿弯曲，露出腹部，左手撑在头后，让身体保持放松状态。然后将右手食指和中指垂直按住腹部，缓慢抬起上身。如果手指的位置正确，此时你就会感觉到两侧腹肌向中间挤压手指。如果感觉不到挤压，就证明手指放置的位置有偏差，可以略微调整位置，直到找到相应的肌肉。

大部分女性在分娩后都会出现腹直肌分离的问题，在正常情况下这可以自然恢复，但仍有 33% 的女性在产后半年身体依旧出现腹直肌分离的状况。

你可以用手指测量两侧肌肉间的距离，分离 2 指以内都是正常的，分离 2~3 指就需要避免做躯干卷曲和扭转的动作，大于 3 指时建议立刻就医。

腹直肌分离了怎么办？

出现了腹直肌分离的情况后，可以通过运动加速其恢复的过程，但是盲目的卷腹和做躯干扭转训练，可能会让你的腹直肌更加分离。

但这并不意味着你完全不能做运动了。

下面丁香妈妈就教你一套运动方法，以加快腹直肌分离情况的恢复进程。

第一步，从屈膝平躺的姿势开始，向下滑动一侧腿，恢复后，进行下一次，重复 20 次后结束。

第二步，一侧腿弯曲至 90 度，向下伸直，然后恢复，重复 20 次。

第三步，两侧腿弯曲至 90 度，向下触地，重复 20 次。

第四步，两侧腿弯曲至 90 度，一侧腿伸展，然后恢复，重复 20 次。

第五步，两侧腿弯曲至 90 度，向上伸展至垂直于天花板，保持脊柱中立位，慢慢下落，重复 20 次。

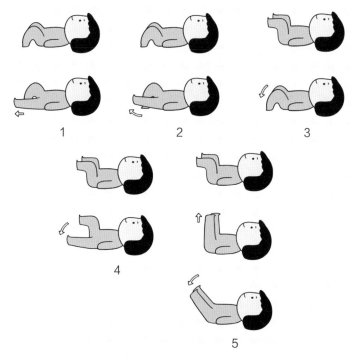

图 3.1　腹直肌训练方法

要不要使用束缚带？

专家有话说

杨一卓

北京体育大学运动康复专业博士

不建议使用束缚带。

所谓"束腹带"，看名字就知道是绑在腹部的带子，医生确实会建议一些产妇使用它。

不过，医生给产妇们用的是医用腹带，属于医疗器械，它有严格的设计规范和使用范围，而且并不是每个经历剖宫产的产妇都需要使用它。医生一般只会在特殊情况下才给患者使用腹带，比如腹部切口裂开、腹直肌分离等，普通的产妇没必要使用。

至于束腹带可以预防内脏下垂，帮助恶露排出，辅助恢复身材，则都是谣言。

宝宝说明书

生长发育

　　随着宝宝满月，宝宝进入了生长发育的"大跃进"时期，你会发现这个阶段的宝宝似乎变瘦了，也变得活泼了。

　　当你和宝宝互动的时候，你可以拉拉宝宝松开的小手，而宝宝也开始有能力抬头看看你了。你还会发现，宝宝会被你逗笑，给你积极的回应。

　　与此同时，随着宝宝的发育，细心的爸爸妈妈可能会发现一些小问题，比如：

　　宝宝的后脑勺怎么秃了？

　　宝宝的腿似乎伸不直？

　　宝宝的脖子似乎总是歪向一边？

　　这些问题，有些是正常的，有些却要引起我们的注意，必要时带宝宝及时就医。在接下来的这一节中，丁香妈妈依旧会带你了解1～3月龄的宝宝在生长发育上的特点和注意事项。让我们开始吧！

基本特征："大飞跃"和生长停滞交替进行

身高体重

表 3.1　2～3 月龄的婴儿正常身长、体重范围

月龄	婴儿性别	身长（cm）	体重（kg）
2 个月		52.2～65.7	3.94～7.97
		51.1～64.1	3.72～7.46
3 个月		55.3～69.0	4.69～9.37
		54.2～67.5	4.40～8.71

数据来自中华人民共和国原卫生部《中国 7 岁以下儿童生长发育参照标准》文件指南。

在这个阶段，宝宝的身体可能会出现突飞猛进生长和生长停滞交替的情况。比如，宝宝可以睡整觉了，但是能连续几周睡整觉后，宝宝很可能突然又开始在晚上醒来要吃夜奶，而且吃夜奶的次数比之前多，这可能就预示着宝宝要出现发育的"大飞跃"了。重新吃夜奶，并不是生长发育上的倒退，你要学会预测并接受这样的周期性规律，帮助宝宝更好地成长。

阴唇粘连

宝宝 3 个月大时，有的宝爸宝妈可能会发现自家女宝宝的大小阴唇或小阴唇粘连到一块儿了。这种现象还不算少见。在 3 个月～6 岁的女童中，至少有 12% 的女童身上曾经存在阴唇粘连的现象。

许多宝宝到了 6～18 个月大时，阴唇会自行分开，也有到 6～7 岁还没分开的。但基本上到了青春期前后，雌激素水平上升，阴唇自然就分开了。

身体发生阴唇粘连的宝宝们，多数没什么不好的症状，只要注意经常清洗，保持会阴部清洁，就不用做其他任何处理。但如果宝宝感到不舒服，或频繁出现泌尿系统感染的症状，就应该及时就医。国内一般首选分离阴唇手术，如果你在意这是有创的，也可以考虑给宝宝外用雌激素软膏。

感知能力：会抬头和微笑，游戏互动很重要

宝宝出生后，每天都有变化。不过，不知道你有没有发现，宝宝在满月后，许多变化更加明显了：睡的时间渐渐少了，好奇的眼光开始投向更大、更远的世界，各方面的能力也有了很大的提高。那么在这个时期，宝宝到底有哪些能力的发展值得爸爸妈妈关注呢？

宝宝拥有的能力

◎ **动作能力**

与之前相比，这个时期的宝宝的肢体动作会丰富和灵活许多。大部分宝宝在趴着的时候会左右转头了，还会时不时地抬起小脑袋看一看。随着月龄的增加，宝宝抬头的幅度也会变大。到 3 个月大时，他们甚至能支撑自己的小身体，将胸部抬离床面了。

在精细动作方面，宝宝的小手、小脚也变得更加灵活了。我们知道，刚出生的宝宝总是拳头紧握的。但在满月之后，如果你轻轻碰碰宝宝的手，他紧握的小拳头就会慢慢松开。如果你把手指放在宝宝的手心里，他也会牢牢握住你的手指。这些新出现的小动作也说明了宝宝的触觉和知觉在逐渐发育，他对外部世界有了更多的感知。

◎ **环境适应能力**

这个阶段的宝宝的环境适应能力更强了，他已经有了追视能力，可以转头看人，目光也可以跟着爸爸妈妈的脸转动了。差不多 3 个月大时，宝宝就可以追视 180° 了。

处于这个月龄的宝宝有没有语言能力呢？其实细心的父母会发现，宝宝有了细小的喉音，可以笑出声了。

宝宝的听觉能力也有了发展。比如，当听到别的声音时，宝宝会用目光去寻找，到 3 个月大的时候，宝宝甚至会转头寻找声源。

◎ **社交能力**

宝宝此时的社交能力怎么样呢？多数宝宝在满月之后会被逗笑。尤其是在一个半月大之后，宝宝很容易就会被逗笑，我们称这种笑容为"社交性微笑"。这是一种回应性的微笑，是宝宝社交能力发育的重要表现。

怎么开发宝宝的各项能力

◎ **运动能力训练——"Tummy Time"**

由于此阶段宝宝的运动能力并不强，所以丁香妈妈推荐采用一种简单的方法——"Tummy Time"。

简单来讲，就是让宝宝醒着的时候多趴着，多抬头，这样有助于锻炼其肩颈部的肌肉，为接下来翻身、爬行及做胳膊支撑动作做准备。

刚开始进行"Tummy Time"的时候，每次做3～5分钟就可以了，每天可以进行2～3次。随着宝宝逐渐长大，也可以适当延长练习的时间。如果宝宝只是趴着不抬头，则表示气馁，我们可以看着宝宝的眼睛，轻轻地哼首歌给他听，帮他加油打气；可以在周围放上宝宝喜欢的玩具，和他一起玩，让宝宝慢慢地适应并享受"Tummy Time"。不过要注意的是，"Tummy Time"不要安排在喂奶之后，否则宝宝很容易吐奶。

◎ **给宝宝丰富的感官刺激**

我们要持续创造信息丰富的环境，给宝宝丰富的感官刺激，比如面带微笑和丰富的表情看着宝宝，与宝宝对话；用一些图片、玩具逗宝宝追视；带着宝宝练习俯卧抬头，每天至少要做2次；轻轻地抚摸宝宝，或者挠宝宝的痒痒肉，逗他发声。

◎ **养成规律睡眠的习惯**

在宝宝两三个月大的时候，我们可以逐渐帮助宝宝养成规律睡眠的习惯。这个阶段的宝宝很少会一觉睡到天明，正常的睡眠节律是90分钟一个睡眠周期。我们可以让宝宝在晚上七八点的时候就睡觉，两三个小时后，宝宝会醒一次，这时候合理的安抚会使宝宝很快进入下一个睡眠周期。平时还可以给宝宝每天做两三次婴儿被动操、抚触操，这既能提高孩子的睡眠质量，还能促进宝宝的体能和感知觉的发育。

◎ **培养感知能力的游戏**

在这个阶段，我们可以做点儿什么游戏来促进宝宝这些能力的发展呢？

（1）抬头游戏。

我们可以在宝宝趴着的时候，在他面前摇响铃铛，然后让宝宝抬头看铃铛。这样慢慢就可以开阔宝宝的视野，丰富他的视觉信息，还可以增加他颈部肌肉的力量。

（2）转头游戏。

可以让宝宝背靠着妈妈的胸腹部，脸面向前方，其他家人在妈妈背后时而向左，时而向右，并且呼唤宝宝的名字，看宝宝能否转头追视。家人的动作要缓慢一些，让宝宝能跟上。随着宝宝年龄的增加，他的动作会越来越快。

（3）婴儿操。

抚触操的具体步骤在第二部分的"对宝宝的抚触"一节已有详细介绍。你也可以在丁香妈妈 App 里学习婴儿被动操、抚触操课程。

（4）手的游戏。

逗宝宝用手抓握玩具或者抓父母的手指。一般在两三个月大的时候，宝宝会无意中看到自己的小手，之后他就会很有兴趣地看自己的手，甚至把小手放进嘴里尝尝、吸吮。这都是宝宝探索世界的表现。

（5）语言游戏。

这是一个引逗宝宝发声的游戏。父母可以用轻柔的声音面对着宝宝，让他看着父母的口型，宝宝可能就会发出"o、w"这样的元音。这就是宝宝对语音的早期感知。

除了上面这些游戏，父母还可以给宝宝做阳光浴、空气浴、水浴。这些都是很好的触知觉游戏训练。触觉是主宰情绪和社交的重要的神经体系之一，所以要经常陪宝宝做一做这些游戏。

和宝宝互动的注意事项

你首先要保证，在陪宝宝玩的时候，自己是干净的。因为宝宝的免疫系统发育不完善，抵抗力通常很低。你和宝宝玩耍之前，自己要先做好清洁，避免把细菌传染给宝宝。

◎ **陪宝宝玩，不应该做什么**

（1）捏鼻梁和捏脸蛋。

如果动作粗暴，有可能会损伤宝宝的皮肤，甚至肌肉、神经。

（2）荡秋千和"抛高高"。

有些宝宝会很害怕这样的游戏。更重要的是，由于韧带组织柔软，提拉宝宝的双手让他离地可能会致使宝宝的关节脱臼。"抛高高"也存在失误风险，一旦失误，后果不堪设想。

（3）玩宝宝的生殖器。

要尽一切可能阻止周围的人随便触碰宝宝的生殖器，这对宝宝的心理发展没有好处，同时也存在感染疾病的风险。

总的来说，"玩"是一个互动的过程。玩耍不仅是让宝宝开心，而且是希望促进宝宝身体、心智的发育。刚出生第一年，尤其是头几个月，正是宝宝的身体和心智飞速发展的时期，陪伴和接触会让宝宝更健康。但是陪宝宝玩，要讲究方法，也要注意安全和卫生。一定别把宝宝当玩具，也一定不要把宝宝独自丢在一堆玩具中间！

如果宝宝有以下问题，建议你带着宝宝及时就医，尽早干预。

- 2 个月大时，仍然没有注意过自己的手。
- 2 个月大时，听到你的声音不会笑。
- 2～3 个月大时，双眼仍不会跟着移动物体看。
- 3 个月大时，仍不会抓握东西。
- 3 个月大时，仍不会对人笑。
- 3 个月大时，头仍没有很好地抬起来。
- 3～4 个月大时，仍没有发出过"咿咿""呀呀"的声音。
- 大部分时间里都是对眼（头几个月内偶尔有对眼的情况是正常的）。
- 不会留意新面孔，或者对新面孔或新环境非常恐惧。

日常护理

当夫妻升级成父母后，立马化身为"福尔摩斯"，细心到宝宝的头发少长了几根都担忧不已。那随着宝宝长大，父母都会有哪些疑虑呢？

养出好看的头型

很多北方老一辈人的观念是，将宝宝睡成扁头，认为这样是有福气的体现。

头型确实是可以睡出来的。这是因为婴儿的颅骨是软的，还没有完全长成一块。总往一个方向睡，脑袋看起来就会有些歪。很多新手父母担心，宝宝长大后，脑袋会变形。

其实，问题没那么严重。新生儿的头部与床接触的部位确实容易因受压而变得扁平，没被压到的部位生长快速，就会变得比较鼓。总是往一边偏头睡，是可能引起头型不对称的。但如果经常换不同姿势睡觉，一般就不会出现明显的头型异常。

你可以使用这样 4 个小技巧，使宝宝的头型更好看：

（1）多趴着玩。

当宝宝醒的时候，多鼓励他在家长的监护下趴着玩。宝宝可以趴在垫子上，也可以趴在家长的腿上、肚子上。趴着玩，不仅对头型的自然恢复有帮助，还能帮助宝宝锻炼背部、颈部和手臂力量，有助于生长发育。趴着玩，换个角度看世界，还能让宝宝更好地认识周围的事物，有助于其学习和成长。

（2）变换头部的位置。

当宝宝躺在床上、靠在椅子上的时候，要经常改变他的头的位置，以免头部的某一位置持续受压。

（3）鼓励宝宝主动转头。

宝宝的注意力容易集中在面朝窗户等有光亮的地方，或者色彩鲜艳的大色块上。你可以改变房间里玩具或张贴画的位置，让宝宝轮换睡婴儿床的两头，或者不时地变换婴儿床的位置，以鼓励宝宝转头注视不同方向。

（4）多抱宝宝。

不要老让宝宝躺着，多抱抱他。试试用不同的方式抱宝宝，如竖抱；左右手换着抱；躺下来两腿并拢，让宝宝趴在你的腿上；等等。总之，要保证不让宝宝的后脑勺总是受压。如果上述措施无效，请拜访儿科医生。如果存在斜颈或颅缝早闭的情况，就需要在医生的指导下进行治疗。

（5）不要定型枕，不要趴着睡。

特别需要提醒的是，我们民间流行的定型枕和趴着睡的做法都不在权威机构的建议之列。相反，出于安全考虑，美国儿科学会建议让婴儿仰卧睡觉。我们也不建议使用任何定型枕或其他装置来固定宝宝的睡姿，因为那可能会增加宝宝患婴儿猝死综合征的风险。

所以，想塑造宝宝漂亮的好头型，多抱抱他，让他趴着玩就好，把定型枕之类的统统扔掉吧。

有了抚秃别惊慌

在当代年轻人心中，脱发是一个严重的问题。有不少父母看到宝宝刚出生没多久，后脑勺有一圈头发掉了，就会担心：从小就脱发可怎么办？

不用着急，这不是病，而是新生儿身上一种正常的症状。几乎所有的新生儿都会掉部分头发，或者全部头发。宝宝在出生后6个月之内，脱发是一件很正常的事，不用太在意。

至于宝宝脱发是否因为缺钙，还真的不一定。一岁之内，只要不是早产或出生的时候体重偏低，母乳和配方奶基本就能满足钙的需求，不用额外补钙。足月的宝宝出生后，注意每天补充 400 IU（国际单位）的维生素 D 就好，因为维生素 D 能帮助钙吸收。如果是早产、双胎、低体重儿，建议出生后的头 3 个月，每天补充 800～1 000 IU维生素 D，3 个月后调整为 400 IU。不过，考虑到这些情况比较特殊，建议还是在医生的指导下给宝宝服用。

　　另外还要告诉你的是，很多父母习惯给宝宝剃胎发。胎发可以剃，前提是注意安全。因为宝宝的头皮非常薄嫩，而且剪发时，宝宝往往不能好好地配合，所以剃胎发最大的难点是宝宝的安全。

　　至于剃胎发可以让宝宝的头发又黑又亮的说法，则是无稽之谈。一根头发的生长周期一般在 2～5 年，也就是说，即使我们给孩子剃胎发真的能让他的头发又黑又亮，宝宝满月的时候长出来的这些又黑又亮的头发，在他 5 岁之前就会脱落。宝宝并不会因为被剃了胎发就能永久收获一头乌黑秀发。

O 形腿、X 形腿和腿纹不对称

　　很多父母都会奇怪，怎么孩子刚出生，腿就不直了呢？在老一辈那里，还有不少绑腿的说法——把宝宝的两腿拉直，然后用布带捆好，觉得这样做，宝宝的腿就能长直。这当然是无稽之谈，这么做还可能导致宝宝的髋关节发育不良，要绝对禁止。

其实，8岁之前的孩子，有O形腿或者X形腿都是发育的正常现象。2岁之前的孩子，基本都是O形腿。只要孩子没有身材矮小、走路姿势异常等情况，父母就不必太过焦虑，顺其自然地发展孩子的大运动，避免让孩子过早站立负重就可以了。

虽然宝宝的腿不直并不需要担心，但是如果你发现宝宝的腿纹不齐，就要重视了，这可能说明宝宝的髋关节发育有问题。

如果宝宝的髋关节真的有问题，等到他学会走路时，就会感觉疼痛，甚至还会跛足。这时，就不得不做手术。宝宝年龄越大，治疗过程就越痛苦，所以关键在于早发现。

所以，如果你发现宝宝的腿纹有不一样的现象，建议你尽早带宝宝去看小儿骨科，排查髋关节发育不良的风险。

发现斜颈及时就医

刚生下来的宝宝萌萌软软的，非常可爱。不过，如果你看到宝宝总喜欢把头偏向一边，可能就要当心宝宝有先天性肌性斜颈了。

这和前面说的几种发育正常的情况不同，斜颈是一种肌肉骨骼发育上的先天疾病。不过，在一岁之内及时接受医生的治疗，一般就不会有什么后遗症。

但如果父母没有重视，或者选择给宝宝盲目地按摩、推拿等，错过了最佳治疗时间，宝宝长大之后可能会出现面部畸形及颈椎畸形，到时候再想治疗就很困难了。

你可以对照以下几点，看看宝宝有没有斜颈的情况，如果有的话，就要及早寻求小儿骨科医生的帮助。

- 总是把头歪向同一边，当父母把宝宝的头掰到另外一边时，孩子会有反抗的表现。
- 吃母乳的时候，总是喜欢吃一边，对另一边会抗拒。
- 当你在某一边吸引他时，他喜欢转头看你，而不是转眼球；而对另一边的刺激，会因为脑袋转不过去而苦恼或者烦躁。
- 由于脑袋长期偏向一侧，脑袋会轻微地不对称，有一边会扁一些。
- 有的孩子的脖子上会长出一个橄榄形的小包，这是一边的肌肉长期收缩痉挛造成的。

没有出牙，也要做好口腔清洁

你或者你身边的一些父母是不是也有过这样的误区呢？认为反

正宝宝的乳牙都是要换的，不需要特意保护，对宝宝刷牙的频率也不需要做特殊要求，更别说定期带孩子去做口腔检查了。

这种想法其实大错特错，口腔护理可是要从宝宝出生起就开始做的事，千万不要觉得刚出生的宝宝连牙齿都没有，就不用"刷牙"了！

1～3 月龄的宝宝还没有出牙。这个时期，你应该用干净的纱布或用棉球蘸水，擦拭宝宝的口腔黏膜。

擦拭宝宝口腔的过程其实也是在帮助宝宝检查口腔。宝宝这时还没有形成强大的免疫系统，偶尔会出现真菌感染的情况，长出鹅口疮。这时候，你就要带宝宝去儿科检查并治疗。

除了宝宝的口腔清洁，还应该定期对宝宝的玩具、餐具、寝具做清洁、消毒。因为宝宝不会管那么多，什么都会往嘴里塞。做好消毒是对宝宝的一种保护。

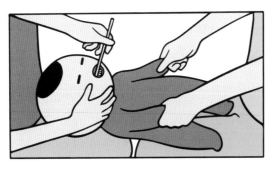

图 3.2　给宝宝刷牙的正确姿势

宝宝冬天穿衣的原则

孩子的新陈代谢要比大人快，但不是说孩子就一定要穿得比大人少。

比如，一个月以内的宝宝还属于"新生儿"，他的体温调节能力差，只要环境温度低于人体感到舒适的 24～26℃，就有必要多穿一点儿。而大一点儿的孩子，基础代谢率是不一样的，对寒冷的耐受性也是不一样的。不同的个体，也不能一概而论。

不过，判断 1 岁以内的宝宝冷不冷，最简单的方法就是摸一摸宝宝的后背。因为宝宝的末梢神经发育不完全，手脚冰冷是很正常的，只要宝宝的后背温暖，不发烫、不出汗，就说明穿得刚刚好。

一种很实用的参考方法是，不到 1 个月大的宝宝，正常情况下，应该比成人多穿一件普通的单衣。

外出的时候，你还可以适当地给宝宝穿一件贴身衣物，外面穿一件连体棉服或者连体羽绒服。因为有家人的怀抱，而且宝宝估计不会长时间待在室外，没有必要拿厚厚的棉被将宝宝裹成一团。像上文那样穿，等再回到室内，穿脱衣服也方便，能给新手父母省不少事。

1～12 月龄的宝宝的体温调节能力基本和大人一样了，可以参照大人一样穿衣。但是因为这时候的宝宝还不会走，所以连体服是宝宝的首选。

　　一旦发现宝宝穿少了，也不用着急给他加衣服，可以用大人的怀抱温暖宝宝，或者给宝宝喂点儿吃的。等他的体温正常之后，再适当增加衣物。

冬天不能给宝宝穿保暖内衣吗？

医生有话说

钟 乐

儿科博士，发育行为儿科博士后，卓正医疗儿科医生

冬天给宝宝穿保暖内衣真的会捂出病吗？

并不会，保暖内衣不是导致宝宝身体过热的绝对原因。

穿得过多、过热，确实会导致宝宝汗多，有一定概率出现痱子、湿疹等皮肤问题。不过你给宝宝穿很多件秋衣、毛衣或者太厚实的棉衣也会导致宝宝汗多，这和是否穿了保暖内衣并没有什么关系。

喂养

宝宝满月之后往往会如同吹气球一般长大，出生时皱巴巴的皮肤会变得光滑。很多宝宝都长得白白嫩嫩，特别讨人喜欢。但是，父母或许又开始有了新的烦恼。比如，突然之间，宝宝不爱喝奶了；每天晚上宝宝都要吃夜奶。别担心，这些都是1～3个月大的宝宝常出现的情况。

吃奶多——"猛涨期"来了

这个时期，有些原本吃奶特别乖的宝宝突然之间"性情大变"——吃得多、长得快、常哭闹。这个时候，父母不禁开始怀疑人生："天啊，这是怎么了？我的'天使'宝宝去哪儿了？"

其实，这是宝宝到了猛涨期的现象。

猛涨期是宝宝生长过程中的一个正常发育阶段，在这个阶段里，宝宝的身高、体重会快速增加。一般情况下，宝宝周岁前会经历 5 次猛涨期，分别为出生后第 2～3 周、第 4～6 周、第 3 个月、第 6 个月和第 9 个月。

所以父母完全不用焦虑，这是宝宝生长过程中必经的阶段。每次猛涨期持续时间只有 4～7 天，猛涨期一过，宝宝就会逐渐恢复"天使"的模式了。

猛涨期特点

其实，猛涨期有几个标志性的特点。

（1）容易饿：宝宝会不断要求吃更多的食物。

（2）睡眠模式改变：已经可以睡整觉的宝宝半夜会突然醒来或要求吃东西，也有很多宝宝在猛涨期时睡得更久。

（3）哭闹和暴躁：宝宝会用哭闹的方式表达自己的情绪，大一点儿的孩子则容易变得脾气暴躁。

如何应对猛涨期

那么，发现宝宝正处在猛涨期的父母该怎么办呢？

（1）多喂点儿：满足宝宝频繁的吮吸需求，妈妈多给宝宝喂奶；
给添加辅食的宝宝适量加餐。

（2）保证睡眠：不少宝宝会在这段时间嗜睡，要尽量让孩子睡
够，不用强行叫醒。

（3）多抱、多安抚：在这个时期，宝宝特别需要及时且充满爱
意的回应，要积极帮助宝宝度过这一阶段。

（4）照顾好自己：精神状态好的父母才能更好地照顾宝宝。所
以在宝宝休息的时候，你也抓紧机会打个盹吧！

夜奶，当断则断

实际上，宝宝就算不在猛涨期，也可能会在半夜醒来，哭着要
喝奶。那什么才算夜奶呢？准确来说，从婴儿睡前喝的最后一次奶，
到早晨4～5点之前醒来喝的奶，都可以叫作"夜奶"。如果你的宝
宝会在早晨4～5点醒过来喝一次奶，之后接着睡，那这不算夜奶，
而是"晨奶"。

在排除尿布太湿、太冷、太热等外部因素的影响后，宝宝夜里
醒来想喝奶的原因不外乎以下两点。

（1）肚子饿：如果宝宝晚上起来喝的奶量不小，和白天基本一

致，那就说明宝宝是真的饿了。

（2）"求安慰"：如果宝宝每次就吸两口，喝的量很少，一边喝一边就能睡着，那就说明宝宝只是"求安慰"。当你发现宝宝安抚性的吃奶需求较多时，可以在晚上轻拍宝宝让他安心。但妈妈也不能太辛苦，建议你和家人轮换着哄宝宝。

为什么要断夜奶？

喝夜奶不是一个好的习惯，所以妈妈不能一直惯着宝宝喝夜奶。丁香妈妈对于夜奶的建议是"当断则断"，有以下几点理由。

◎ **影响宝宝的睡眠**

充足的睡眠对宝宝的成长非常重要，宝宝越小，他需要的睡眠时间就越多。频繁夜醒会让宝宝睡眠不足，出现精神不佳、没食欲、情绪低落等情况，还可能影响宝宝大脑和神经系统的发育。

◎ **影响妈妈的睡眠**

在夜间被唤醒 3～4 次，会使妈妈白天疲惫不堪，甚至会让妈妈产生消极情绪。如果是处于母乳哺乳期的妈妈，睡眠不足还会影响母乳产量，进一步加重焦虑情绪。

◎ **为了更好地哺乳**

妈妈如果在晚上能够好好休息，就能为宝宝提供更高质量的母乳和亲子陪伴，能更好地延长母乳喂养的时间。

什么时候断夜奶？

那么，什么时候给宝宝断夜奶比较好呢？

一般来说，4 月龄左右，有部分宝宝就有能力睡整觉了。根据美国儿科学会的观点，6 个月大的宝宝可以添加辅食，摄入一些半流质或固体食物，比如苹果泥、蛋黄泥、紫薯泥等。这个时候，我们就可以开始培养宝宝的睡眠习惯，让他学着自己入睡。同时开始尝试断夜奶，为宝宝建立良好的进食和睡眠规律。

不过，这并不意味着所有的夜奶都需要强行戒除。如果夜奶并不频繁，或宝宝有高需求，强制断夜奶就会影响亲子感情。又或者妈妈很享受喂奶的时光，那么就不必在特定的时间里强行断夜奶。

夜奶应该怎么断？

实际上，与其说是"断夜奶"，不如称之为"培养良好的睡眠习惯"。以下几种方法，妈妈们可以尝试。

◎ **逐渐减少夜奶次数**

增加白天喂奶量，逐渐减少夜间喂奶的次数和每次的奶量，同时戒除奶睡 ① 的习惯。

◎ **睡前填饱小肚子**

适当延迟夜间喂养时间，让宝宝在睡前最后一次喝奶时比往常

---

① 奶睡，指宝宝必须喝着奶才能睡觉。——编者注

稍微多喝一点儿。

◎ **建立固定的"睡前仪式"**

在宝宝困意来临之前进行洗温水澡、换睡衣等活动。经过一段时间的坚持后，孩子就会把这些活动与睡眠联系在一起，在进行这些活动之后能放松且舒适地入睡。

◎ **避免过度疲劳**

父母白天可以让宝宝尽情玩耍，但要仔细观察宝宝的表现，如出现揉眼睛、打哈欠、抓耳朵、精神状态不好等迹象，应尽快安排宝宝入睡。

◎ **给宝宝尝试自己入睡的机会**

在宝宝没有完全睡着时，把他放进婴儿床，跟宝宝道声"晚安"，然后离开。

◎ **关注睡眠周期，安抚协助**

如果在尝试断夜奶的过程中发现宝宝还是到时间就醒，父母就要注意及时发现宝宝要醒来的迹象，并赶紧通过轻拍等方式安抚宝宝，帮助他顺利从一个睡眠周期过渡到另一个睡眠周期。

◎ **允许偶尔的反复**

断夜奶并不是一劳永逸的事情。宝宝在成长过程中会遇到各种情况，长牙了、生病了、白天玩累了等，可能都会需要你的安慰。这时候要尊重孩子的需求，千万不要"一刀切"，将宝宝拒于千里之外。

◎ **调整心态，不可一概而论，也不期待一蹴而就**

妈妈都希望宝宝能一觉睡到天亮，但无论采用何种方法，都要根据自己宝宝的具体情况而定，不能一概而论。

如果宝宝夜间突然哭闹，除了饥饿，也可能是肠绞痛，甚至有患嵌顿疝的可能，需要妈妈仔细分辨，必要时求助医生。

每个宝宝都是不同的个体，关于什么时候必须开始睡整觉，并没有统一的标准。如果你家宝宝早早地可以睡整觉了，那你可以庆幸自己生了个爱睡觉的宝宝。如果没有，也希望父母可以笑着享受为人父母的"艰辛"。

毕竟你的孩子作为宝宝的时间其实很短，在不久的将来，当我们蓦然回首，发现宝宝已经长大，独立到不需要我们日夜照顾，甚至都不需要我们陪伴的时候，我们还会怀念此时被强烈需要、日夜依恋的感觉呢。

厌奶

"一天吃不了一百多毫升的奶，这是厌奶了吗？"

"吃两口就东张西望，再让吃就哭，这是厌奶了吗？"

"孩子吃着吃着就开始扯乳房，扯着乳房时还感觉很烦躁，再喂，含上没一会儿又开始扯。多扯两次就完全不吃了，这是我奶水不够还是孩子厌奶了？"

吃得好才能长得好，一遇上"厌奶"，新手爸妈就会开始着急，生怕宝宝吃不饱。到底为什么会发生"厌奶"呢？

"厌奶"，顾名思义，就是"讨厌吃奶""不好好吃奶"，它可能发生在任何月龄。具体表现为原来吃奶状况很好的宝宝，突然变得不愿意吃奶，或者吃奶量下降。宝宝靠近乳房或奶瓶时就哭泣，或者表现出明显的拒绝信号。导致某一顿或一整天的奶量摄入有所下降。

通常来说，只要孩子的生长指标良好，精神状态良好，能吃能玩，那妈妈们就不需要太惊慌，找到厌奶的原因，对症下药，厌奶的症状自然就可以缓解。

如果是0~3个月的小月龄宝宝拒绝含乳，这种情况其实更应该称为"乳头混淆"而非"厌奶"，这多是由于强迫哺乳、不愉快的哺乳经历或是过早添加配方奶、使用奶瓶奶嘴导致的。

对于小月龄因为被强迫喝母乳而厌奶的宝宝，妈妈需要每天与宝宝进行不以喂奶为目的的肌肤接触。不限次数和时间，只要孩子愿意就可以做。如果孩子还是不接受直接的肌肤接触，可以从穿着衣服开始。

如果是过早用奶瓶导致的不接受母乳，很可能是宝宝不适应妈

妈的乳汁"流速",此时需要调整奶瓶的喂养方式(如图)

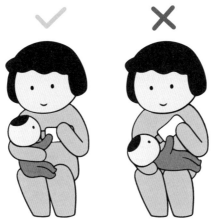

婴儿上身竖直不易呛奶　　婴儿平躺仰头容易呛奶

图3.3　正确的奶瓶喂养方式

尽量支撑着孩子的头颈,让孩子背部直立。调整奶瓶的瓶身,使奶瓶与地面平行或稍稍倾斜,让奶嘴前端的1/3处充满奶水就好。喂奶过程中要减缓奶水流速,并模仿妈妈的奶阵,喂一喂停一停。

更典型的"厌奶",通常集中在3～8月龄。主要原因有以下几点:

第一,宝宝吃奶时容易被其他事物吸引,导致厌奶。

这种情况是因为大于3月龄的宝宝的视听觉在进一步发育,好奇心大大增强,容易被各种事物吸引。

如果你发现宝宝吃着奶时听到一点儿声音就转头去看别处,再也"提不起兴趣"吃奶了,那你要尽可能创造一个安静、不受打扰的哺乳环境来进行哺乳。如果孩子明确做出拉扯、推开乳房，头部后仰等拒绝的姿势，你可以暂停哺乳，让孩子继续玩一会儿，或等到孩子有明确的睡眠信号时，尝试哺乳。

第二，宝宝每天的消耗不够，不愿意吃奶。

随着月龄的增加，宝宝的精力也开始旺盛起来，有更多的消耗。但很多家庭直到宝宝 3 个月左右，还在按照月子里的方法带宝宝，每天除了抱着宝宝溜达，就是让宝宝躺着和他逗逗乐。

消耗量不够，宝宝自然不饿，不愿意吃奶，容易出现"厌奶"的症状，而且这时宝宝的睡眠往往也不会太好。

针对这种问题，你可以这样做：

——清醒时就要让孩子趴着，并与处于孩子同一视线高度来跟孩子做互动。做鬼脸、唱歌、讲故事、进行夸张的表演都可以。

——每天按规律带孩子出去接受外界的刺激。感受阳光、自然里的风、绿树、鸟鸣，这对于宝宝的感官发育有不少好处。

——引导孩子来回翻身，吸引孩子在趴着的情况下单手去抓玩具，以此来增加孩子的消耗，提升孩子的双侧肢体协调性。

总之，要让宝宝在醒着的时候，不停地动，主动地蹬腿、翻身，跟大人咿咿呀呀，这都会使宝宝吃得更香，睡得更好，对宝宝的语言、认知的发育也有不少好处。

第三，添加辅食后，乳汁摄入量下降。

对于这种情况，其实你不用担心，宝宝只是对辅食接受度比较高而已。一般家庭在刚开始给宝宝喂辅食时，看到宝宝喜欢吃，容易一不小心就喂多了。辅食的添加量上去了，宝宝自然没有胃口再喝那么多奶。

丁香妈妈建议你在宝宝一岁前，给宝宝添加辅食的量不要超过奶量，还是以奶作为宝宝的主要营养来源，适当减少辅食的喂养。如果给宝宝喂太多辅食，不但影响奶的摄入量，还容易让孩子出现便秘等不适情况。

第四，生病引起不适，导致宝宝不愿意喝奶。

如果宝宝"厌奶"时伴随着发热、精神状态不佳、腹泻、咳嗽等情况，需要带宝宝及时就医，避免宝宝因长期病痛，不愿意喝奶，造成营养不良。

除了宝宝自身的因素，妈妈自身状态的变化也可能会引起"厌奶"的症状。

常见的有：妈妈摄入的食物改变了乳汁的味道；妈妈刚运动完，乳汁的味道发生了变化；妈妈因为乳腺炎、高烧和乳汁淤积会让乳汁尝起来有点咸；妈妈最近重回职场；等等。

如果你发现自己每次吃完某种食物后，孩子都抗拒喝母乳，那么就请暂时规避此种食物就好，没有必要因为担心宝宝会因气味而"厌奶"就规避各种看起来"重口"的食物。妈妈摄入食物的种类越丰富，孩子日后接受更多食物的可能性就越高。

你也不用担心运动会让宝宝吃不好，运动后的乳汁变化也是非常短暂的，如果此时宝宝明确拒绝喝母乳，你可以在运动后等待半小时再哺乳。

如果是因为你得了乳腺炎，乳汁味道发生了变化，导致宝宝不喝母乳，你需要持续使用吸奶器或用手挤奶来缓解该侧乳房中的淤积情况，并且用持续移除乳汁的方法来维持泌乳量，同时补充足够的水分。待淤积缓解，乳腺炎痊愈，乳汁自然会恢复到正常状态。

如果你是因为刚刚重回职场，宝宝拒绝吃奶。一方面，可能是你陪伴宝宝的时间变少，宝宝因为分离焦虑"生气"而拒绝妈妈亲喂；另一方面，可能是背奶哺乳后，宝宝因为冷冻奶水中脂肪酸分解脂肪产生的气味（传说中的"肥皂味"的奶）而拒绝喝奶瓶里妈妈的乳汁。

如果是分离焦虑导致宝宝"厌奶"，你可以通过回家后高质量的陪伴，周末尽量自己带娃，来帮助宝宝度过分离焦虑期。

至于宝宝不喜欢背奶后冷冻的奶水，你可以把乳汁加热到边缘冒泡但不沸腾的程度（大约 72℃），加热持续 15 分钟后，立刻将奶瓶放进凉水冷却并正常储存，从而减少让宝宝不喜欢的"肥皂味"。但这样做会损失掉奶水中的部分免疫活性，不建议长期如此。你还是可以继续尝试交替着让宝宝吃一些直接冷冻 / 冷藏的奶水，看宝宝的反应。如果宝宝逐渐能接受，也就不需要长期如此。如果宝宝特别敏感，一直难以接受直接冷冻／冷藏的奶水，那么你可以把背奶的奶水做上述处理，损失的免疫部分由亲喂来补足。

除此之外，妈妈的乳汁流速过快，宝宝在喝奶时容易咳呛，出于自我保护的目的，宝宝很可能会拒绝喝奶，或者在奶阵时躲开，不愿意喝奶。

还有一种情况，常常被妈妈们误以为是宝宝厌奶了。随着宝宝的长大，不少宝宝吮吸的效率提升了，同样的量，可能月子里要喝15 分钟，现在喝 10 分钟，甚至不到 10 分钟就能获得。而且相比于宝宝喝了多少时间，丁香妈妈更建议你通过 24 小时的尿布数量（大于 6 块以上）及孩子的生长曲线这两个黄金标准来判断宝宝有没有吃饱。

最后，丁香妈妈还要叮叮两句，"厌奶"是宝宝成长过程中的一种生理性反应，是很正常的，你并不需要太担心。

要知道，"吃"是人的第一本能，在没有生病、没有不愉快情况的情况下，宝宝饿了是一定会吃的。只需要积极地排查可能导致厌奶的原因，让宝宝处于一个舒适愉悦的状态，等待宝宝自行调整自己的吃奶节奏就可以了。

如果因为宝宝一两顿没有吃好，你就非常着急，就多次强迫宝宝进食，不仅手中强迫，口中还要反复念叨，让宝宝产生了逆反心理，拒绝吃奶，那才是真正的得不偿失。

睡眠

其实，1～3月龄的宝宝的睡眠并没有发生太大的变化。在这个阶段，你最大的任务依旧是培养宝宝规律的睡眠。

不同于0～1月龄，在这个阶段，我们可以引入"吃玩睡"策略，帮助宝宝更好地形成规律的作息。

在具体说怎么执行"吃玩睡"策略前，我们先来了解一下这个阶段的宝宝和新生儿时期比，有什么不同。

4～8周宝宝睡眠情况和"吃玩睡"时间安排

宝宝满月后，睡眠的第一个阶段就是满月后到宝宝满8周。在这一阶段，你会发现，相比于新生儿时期，宝宝的清醒时间开始变长。新生儿时期常见的肠绞痛、肠胀气的问题，在这个阶段会达到高峰。日夜颠倒的情况开始消失，少部分"天使宝宝"在 6 周左右的夜晚第一觉可以睡 6～8 个小时。大部分宝宝晚上喝夜奶的次数都在 2～3 次。

"吃玩睡"引导对策

在这个阶段，宝宝每次睡眠的间隔时间逐渐变长，清醒时间在 1 个小时左右。也就是说，扣除半个小时的吃奶时间，在我们的"吃玩睡"策略里，宝宝还有半个小时可以玩耍。

一定要注意白天的小睡规律：清醒一个小时左右就会出现睡眠信号，此时就要立即安排小睡。

吃奶时间可以按照每次间隔 3～3.5 个小时来安排。

对于新生儿时期夜间入睡时间固定不下来的宝宝，可以慢慢通过引入睡眠程序来固定夜晚入睡时间。

无论宝宝白天可以睡多长，超过 3 个小时都要叫醒他，这样才不会让日夜颠倒的问题继续。

可以将间隔 3 个小时的喂奶时间安排在小睡醒来之后，根据喂奶时间，安排 3 个小时的循环。可以尝试将喂奶间隔拉长至 3.5 个小时。但是由于小睡时间不固定，喂奶时间有时候会和小睡时间撞车。这就需要你观察自家宝宝的作息规律，去做一些简单的调整。

8～12 周宝宝睡眠情况和"吃玩睡"时间安排

8 周大的宝宝的睡眠会进入一个新的阶段。

大部分宝宝会在 3～4 个月大时形成独特的作息规律。白天的清醒时间从 1 个小时延长到 1.5 个小时。总体的睡眠量为 13～16 个小时，夜间睡眠为 10～11 个小时，白天睡眠为 5～6 个小时。

比起在 0～8 周里宝宝会有频繁的肠绞痛、肠胀气问题，从 10 周开始，大部分宝宝的肠绞痛开始缓解，最终会在 4 个月左右消失。少部分宝宝的肠胀气问题会持续到添加辅食后。

不过，从 8 周开始，很多宝宝的夜晚第一觉开始能睡到 6～8 个小时了，还有的"天使宝宝"可以睡整觉了。很多宝宝入睡时间自动提前到了晚上 6～8 点，夜奶次数也从之前的 2～3 次减少到 1～2 次。这个时候一定要坚持"吃玩睡"策略，因为这个时期是培养宝宝良好睡眠习惯最关键的时期。只要坚持住，4 个月左右，妈妈们就可以安稳地睡个好觉了。

"吃玩睡"引导对策

这个阶段是"吃玩睡"的巩固和形成阶段。

宝宝每次会清醒 1.5 个小时，吃奶时间也普遍开始缩短。宝宝有一个多小时的时间可以进行各种探索、各种练习。

有的宝宝从 3 个月开始，睡眠信号变弱，这个时候就要按时间点来安排小睡。

喂奶间隔可以拉长至 3.5～4 个小时，从而使"吃玩睡"的循环变成 4 个小时。

白天依然是如果小睡超过 3 个小时，就温柔唤醒。

睡得时间短的宝宝，在这个阶段需要你引导他睡超过 1 个小时的长觉，这样你才不至于白天太累。

这个阶段的宝宝在清醒时间可以安排外出，一天 1～2 次外出，每次 1 个小时左右。不过安排外出时最好避开即将睡觉的时间，外出回来后要留出一些时间安排睡前活动，避免宝宝过度疲劳，影响宝宝晚上的睡眠质量。不外出的时候可以多趴着。

最后，丁香妈妈根据"吃玩睡"的规律准备了一张作息表，你可以参考。

7:00	起床，喂奶	16:00—16:30	小睡
9:00—10:00	小睡	19:00	喂奶
11:00	喂奶	19:30	夜间入睡
12:00—14:00	午睡	凌晨 3:00	喂奶
15:00	喂奶		

4

4～7月齢

4～7 月龄对父母和宝宝来说都是非常美好的时期。宝宝的身体正在发生最重要的变化，开始会翻身、坐、爬，视觉、听觉越来越敏锐，还会对事物表现出喜欢或讨厌的小情绪——他的性格正在慢慢展现。总之，宝宝每天的表现都是一个奇迹。

但与此同时，大部分职场妈妈的产假结束了，对妈妈们来说，重新回归职场是一次巨大的挑战，而和宝宝的第一次分离，也会加剧妈妈们内心的焦虑。

丁香妈妈的小建议

1. 不要觉得自己回归职场没办法照顾孩子，是自己的问题，是对孩子的亏欠。
2. 给宝宝添加辅食，要一样样慢慢来。
3. 这是养成宝宝睡眠习惯的黄金期，要积极引导孩子自己入睡。

妈妈准备好

很多妈妈在生完孩子后，会不止一次自我纠结：到底是上班还是在家带孩子？特别是在产假快结束的时候，那种既舍不得离开宝宝又担心工作的心情，简直太难受了。

　　全职带娃还是回归职场？究竟哪一种选择更好？其实，不管是哪种选择，都有要面临的"得"与"失"，没有完美的选择。

　　继续上班还是回家带娃，这并不是孰优孰劣的一个选择题，它们各有优劣。不论怎么选择，妈妈们如果能够比较清晰地知道自己做出选择后要面临些什么，那么将会更容易适应人生的新阶段。

选择做全职妈妈

如果你选择做全职妈妈，那么育儿的话语权会更大，相对而言，你可以更加科学地带娃。同时，你也可以拥有更多时间陪伴、照顾孩子，尽早给孩子启蒙。

当然，全身心都投在孩子身上，也会有"失"。

有研究发现，全职妈妈更容易抑郁。从"令人瞩目"到"无所事事"，可能会给全职妈妈带来不小的心理落差，短时间内难以适应新的生活节奏和生活圈子。虽然长期来看这是能够调整的，但是独自在家带孩子难免孤独、无聊，单调的生活圈子可能增加与丈夫沟通的困难。这些体验并不愉快，孩子也可能因此遭受影响。

其实，父母的生活是展示给孩子的"模板"。在家带娃带来的日常的慢节奏、贫乏的生活内容并不利于培养勤奋、自立的宝宝。

如果选择全职带娃，希望各位妈妈注意，这最好是一个权衡利弊后的理性选择，而非"为了轻松""因为牺牲"。这世上恐怕没有绝对轻松的生活，"一秒都不能离开宝宝"也不是完整母爱的体现。

想全职在家带娃的妈妈要先考虑好以下三点。

跟爸爸商量好

如果妈妈辞职，那么爸爸的经济压力必然倍增。夫妻要一起做好生活品质可能下降的准备，一起想想节流开源的各路办法，对可能的频繁争执做好准备，进行一些必要的约定，比如"一定不说出口的话"、育儿职责和家务的分配。

做好心理准备和规划

成为全职妈妈后，你跟周围人的共同话题可能会越来越少，自己的家庭地位可能会变得越来越低。因此，最好与爸爸协商，把"全职妈妈"当成一份工作对待，争取和爸爸就"在保证质量的前提下降低成本"的这一选择达成一致。

其实，宝宝对照料需求最多的年纪主要是 3 岁之内。所以，建议妈妈与爸爸做好规划，为未来重返职场做准备，防止"脱轨"太远。

选择做职场妈妈

如果你选择做职场妈妈，那么很显然，在"以娃为中心"之余，你可以拥有能够喘息的小空间、帮助你缓解压力的小圈子、独立的经济能力，这些都可以让自己的整体状态更好。

你可以在"娃养得好"之外体验到个人价值感和成就感；在处理婚姻关系和家庭关系时更有信心；和孩子相处时，能将信心和快乐带给孩子；让孩子逐渐理解父母在为了"更好的生活""更好的世界"努力工作，这对孩子来说是很好的示范。

相应地，你也将会落下一些"遗憾"：夫妻二人白天都去上班，可能要面对"隔代教养"对应的种种问题，需要花时间和精力去理解、适应和解决；宝宝第一次爬、第一次走、第一次跳等里程碑时刻，你可能不在现场，这不能说不是一种遗憾。

如果妈妈们想回归职场，那么也要做好以下这两点准备。

挑选合适的照顾人

很多家庭的照顾者是上一辈老人，有经验的育儿嫂也是一种选择。

无论选谁作为照顾者，最好能挑选性格温和、耐心仔细的照看者。如果照顾者受过一定教育，还能计划出一定数量的具有良性刺激的活动，并乐于接受科学的育儿观念，那就更为理想了。

给宝宝高质量的陪伴

所谓高质量的陪伴，其实不在于多长时间，而在于孩子是否愉悦，是否感受到理解和被接纳。轻柔的爱抚、凝视着说话、熟悉的音乐，这些都是宝宝喜爱的，它们不仅有助于宝宝的感觉、语言的发展，也有助于传递情感。有这样 3 个关键时间点，你可以从这 3 个时刻入手，给宝宝提供更高质量的陪伴。

（1）和宝宝一起吃饭。

（2）让宝宝在睡前和起床后能第一时间看到你。

（3）宝宝学会一项技能的时候。

　　不论你现在的选择是回去工作还是回归家庭，只要经过审慎的考虑，它们都会是很好的选择。万一后来发现已经做出的选择其实没那么好，你也可以随时改变计划。

　　生活的每一天都不能重来，但是好在我们可以随时调整步伐、调整节奏。所以，请妈妈们不要焦虑，不要无助。没有完美的选择，也没有尽如人意的生活。每个母亲都会面临类似的情况，你只要把能做的事情做好，把想做的事情做好，相信自己，喜欢自己。

宝宝说明书

生长发育

宝宝出生后 4~7 个月对父母和宝宝来说都是非常美好的时期。

虽然，处于这个阶段的宝宝长牙和加辅食，可能会让你经受不小的折磨。在长牙期间，宝宝总是更容易哭闹，而且脾气会变得相当暴躁。

但是，这个时期的宝宝，身体正在发生最重要的变化，除了满足吃饱睡足的基本需求，宝宝开始向妈妈和其他家庭成员寻求关注，并开始主动探索外面的世界。

不仅如此，宝宝可能还会对事物表现出喜欢或讨厌的小情绪，性格会慢慢展现。

宝宝每一天的成长，都像是一个小奇迹。

基本特征：长第一颗牙，能坐着就不躺着

身高体重

表 4.1　4～7 月龄的婴儿正常身长、体重范围

月龄	婴儿性别	身长（cm）	体重（kg）
4 个月		57.9～71.7	5.25～10.39
		56.7～70.0	4.93～9.66
5 个月		59.9～73.9	5.66～11.15
		58.6～72.1	5.33～10.38
6 个月		61.4～75.8	5.97～11.72
		60.1～74.0	5.64～10.93
7 个月		62.7～77.4	6.24～12.20
		61.3～75.6	5.90～11.40

数据来自中华人民共和国原卫生部《中国 7 岁以下儿童生长发育参照标准》文件指南。

小提示：4～7 月龄宝宝的身长和体重不再是你要特别关注的重要数据，生长速度才是我们更该关注的指标。

长出了第一颗牙齿

出生后 6 个月左右，不少宝宝开始长出第一颗牙齿。但是不同的孩子在长牙时间上是存在一些差异的，有些孩子可能早在 4 个月大的时候就长牙了，而有一些宝宝可能接近 10 个月大的时候才开始长牙，这都是正常的。如果宝宝在这个阶段还没长牙，父母其实不必太担心。

一般来说，最先长出来的是下门牙，然后是上门牙，大多数宝宝都能在 3 岁前长齐 20 颗乳牙。

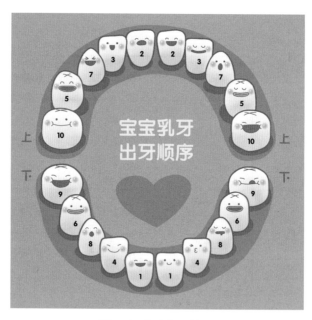

图 4.1　儿童长牙情况

在长牙期间，宝宝会比平时更容易哭闹和流口水，甚至脾气也会变得有些暴躁，同时宝宝的睡眠质量也可能会变差。这些变化对于父母来说无疑是不小的"折磨"。

能坐着就不躺着

对这个阶段的宝宝来说，他们有了一个更大的挑战——坐起。3个月大的时候，你就可以扶着宝宝的腰部，帮宝宝坐起来。慢慢地，随着宝宝背部和颈部肌肉力量的逐渐增强，宝宝可以躬着背、用手撑着坐一会儿了。等到宝宝六七个月大的时候，他即使不用手撑着，也能坐一段时间了。这时就可以给宝宝准备一张儿童餐椅，让宝宝坐着和家里的大人一起在餐桌旁吃饭！这不仅可以让宝宝在吃饭的时候不乱动，还能培养宝宝的自理能力，为以后养成良好的就餐习惯打下基础。快让宝宝坐起来吧！

警惕宝宝总是眼泪汪汪

宝宝水灵灵的大眼睛总是特别惹人疼。但如果进入4月龄后，宝宝的眼睛还是总是水灵灵、泪汪汪的，那你就要提高警惕，看看宝宝是不是患泪道阻塞了。

泪道阻塞的主要症状就是溢泪，也就是我们常说的流泪，但这种流泪不同于哭泣时的流泪，而是不管哭不哭都会流泪。

另外，由于泪道阻塞，泪水留在泪囊里容易滋生细菌，可能会发展成为泪囊炎，使得宝宝的眼屎变多，眼睑有时也会有红肿的现象。虽然大多数泪道阻塞问题会随着宝宝的长大而逐步好转，但还是建议你及时把情况在体检时反馈给医生，并根据医生的指导在家给宝宝按摩。如果宝宝 6 个月大时，还有溢泪、眼屎多的症状，建议带着宝宝转诊眼科，做进一步的检查。

感知能力：寻求关注，有小情绪了

宝宝的基本状态

总体来说，到了这个阶段，宝宝的视觉、听觉、精细运动、大运动等各项能力都会发生质的飞跃，他开始会翻身、坐、爬，你也可以根据宝宝的状态尝试引入辅食了。

宝宝拥有的能力

那么，处于这个阶段的宝宝在各项能力上都有哪些发展呢？

◎ 大运动能力

在 5 个月左右，宝宝就可以双手前撑着独坐了。不过刚开始的时候，大部分宝宝都坐得不稳，摇摇晃晃的，只能坚持几秒。到

7个月时，宝宝就可以坐得很稳了，甚至还能在坐着的时候扭着身子四处看看。

◎ **精细运动能力**

到4个月左右，宝宝就能在趴着的时候伸手去够东西了，不过大部分宝宝在这个时候还无法把自己能够着的东西拿起来。等到6个月大的时候，宝宝的精细动作能力进一步提高，就可以牢牢地抓住玩具了。宝宝甚至还会模仿大人的样子，对玩具敲敲打打。

◎ **视觉及听觉能力**

如果你坚持每天给宝宝看黑白或彩色卡片，那你有没有发现宝宝的视线已经越来越集中了呢？没错，随着视觉能力的发育，宝宝的视野越来越清晰，现在已经可以看清眼前的小物体了。在听觉上，宝宝开始主动寻找声音源，比如听到有东西掉在地上，他会马上随着声音去找。5～6个月大的宝宝通常可以通过声音辨别自己的名字。

◎ **言语能力**

这个阶段的宝宝开始"咿咿呀呀"的尝试说话了，偶尔也能发出"嗒嗒""妈妈"这样的简单音节，有时还会结合动作来表达自己的需求。比如要抱抱的时候会举高双手，想吃奶或者看到玩具的时候会大喊几声。

◎ **社会适应能力**

出生6个月之后，宝宝开始逐渐理解成人的表情，并懂得在表情里获取"不许、不要、停"这样的指令。所以，一定不要对宝宝摆出凶凶的表情，否则宝宝真的会哭给你看！

除此之外，这个阶段的宝宝会对亲人和熟人表现出明显的依赖感，喜欢和爸爸妈妈待在一起。同时，宝宝也会对陌生人表现出警惕，一旦身边出现陌生人，宝宝就会目不转睛地盯着他，如果陌生人靠近，宝宝很可能就会哭。

总的来说，这时的宝宝从周围环境中获取的信息越来越多，宝宝眼中的世界也逐渐变得丰富多彩。我们要保持与宝宝之间的互动，在促进宝宝各项能力发展的同时，还能让宝宝体验更多乐趣。

宝宝能力的培养

那么，该如何更高效地和宝宝互动呢？游戏肯定是所有宝宝的最爱了。在这个阶段，你可以和宝宝做这 5 个互动游戏，它们不仅可以增进你和宝宝的感情，还可以更好地促进宝宝的发育。

◎ 腰背训练游戏

宝宝在仰卧时，如果你发现你拉住宝宝的手，宝宝会主动拉住你，并努力抬头离开床面，这个信号就在告诉你，宝宝想坐起来了。这时候你可以给宝宝做拉坐训练，以锻炼宝宝颈部、背部、腰部的肌肉，为独坐做好准备。

你可以用双手温柔地握住宝宝的双肩，拉着他坐起来，然后逐渐过渡到拉宝宝的上肢和手。在这个过程中，你要注意观察宝宝的头，如果宝宝的头是完全后仰的，建议你重新回到拉双肩的动作，降低难度，等待宝宝主动向上挺起头。

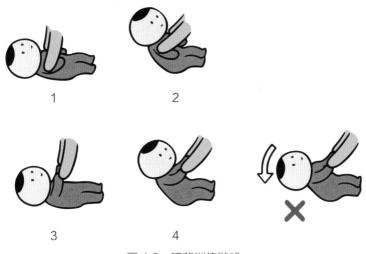

图 4.2　腰背训练游戏

◎　**翻滚强身游戏**

　　翻滚运动有助于肌肉、关节和左右脑统合能力的发展，你可以经常给宝宝做翻滚训练。你可以先从宝宝仰卧的时候开始，把宝宝的两只胳臂抬起，使其呈微曲状态，将两只小手放在他的耳朵两侧。然后用手扶住宝宝的下半身，先把下半身翻一半过去，再扶住宝宝的上半身翻过去，使宝宝处于俯卧的状态。

　　从俯卧到仰卧也是一样，先翻下半身，再翻上半身，连续多翻几次就可以了。

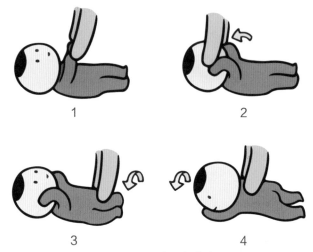

图 4.3　翻滚强身游戏

◎ **积木对击游戏**

　　积木对击游戏有助于提高宝宝对声音的敏感性，也可以用玩具代替积木。在宝宝两只手可以同时握住积木时，他会发现"真奇妙，这两个东西互相碰撞竟然可以发出声音"，随之就会兴奋地乱敲。在敲击积木的过程中，宝宝也会慢慢理解到，原来任何两个物体接触之后都会发出声音，不同的东西发出的声音也不同，进而开启乱敲、乱扔的声音探索之旅。

◎ **言语游戏**

　　你可以给宝宝准备一些儿歌或者轻音乐，引导宝宝随着乐曲节奏做运动。你还可以念一些儿歌歌词给宝宝听。这对于宝宝的听觉、言语等感知能力的发展都有好处。

◎ "鬼脸嘟嘟" 游戏

如果你想要锻炼宝宝的社会适应能力，"鬼脸嘟嘟" 游戏就是一个不错的选择。这其实就是个模仿动物的游戏。

你可以准备一些动物卡片，在宝宝精力充沛、心情好的时候跟宝宝玩这个游戏。比如，你可以一边给宝宝看老虎的卡片，一边模仿老虎说："我是大老虎！嗷呜——！"同时配合夸张的表情和动作，形象地给宝宝演示老虎的样子。除了老虎，你也可以模仿小猫、小兔子、小羊等小动物的声音和动作。

起初，宝宝可能看不懂你为什么这样做，但他能感觉到你在和他玩，他就会非常开心。时间久了，宝宝就会在游戏中学会发声并了解不同动物的习性，亲子依恋也会更上一层楼。

给宝宝选择玩具

看着已经能坐起来的宝宝，我们会忍不住摩挲着宝宝的头，充满怜爱地长叹一声："宝宝长大了……"

随着宝宝一天天长大，之前的玩具还能继续用来愉快地玩耍吗？当然可以。还记得宝宝以前的手摇铃吗？还记得小球吗？还记得摇摇棒吗？这些玩具依然可以玩，只不过要换种玩法。之前是父母玩，孩子只能眼巴巴地看着，现在，可以直接让孩子自己试着去操作。

不过要记得，在这个时期，宝宝有了一部分属于自己的"行动自主权"，他们会对他们能抓到的所有东西感兴趣。所以父母一定要做好安全监护工作。当然，只要不影响安全，就完全可以让孩子自己去发挥想象力。

到这个阶段，孩子们会出现一些有趣的变化：他们会去抓东西，会试着用自己的方式操纵物品，还会有意识地去重复做那些他们认为很有趣的事情。这时，为了让宝宝更加了解周遭的世界，父母要向孩子讲解他拿在手里的东西："宝宝，这叫皮球。""宝宝，这叫书。"这时，原来的那些玩具对孩子来说或许就有些单薄了。随着孩子经验值的不断增长，他们对新感受的要求也会越来越强。

下面让我们来看看在这个阶段，能给孩子提供什么。

◎ 礼物一：简单的彩色积木

在这个阶段，大部分宝宝还不能正确地使用积木。但是积木本身对宝宝来说，已经提供了所能提供的作用。比如，孩子会去抓积木，会感受积木的质地，会感受积木不同的形状和颜色，也会调皮地推倒父母苦心垒起来的各种"建筑"。这些就足够了，不必苛求宝宝在这时用积木盖起一座"摩天大厦"。

◎ **礼物二：小球**

孩子会抓握了，还等什么？直接双手奉上这神奇的小球——质感柔软、色彩鲜艳、便于抓握和把玩的小球。此时，孩子的上肢力量并不算太好，但是他也许会有意识地去拿起小球并扔掉，形成一个"投掷"的动作。当然，他的投掷是毫无准确度可言的，也毫无目的性。没关系，慢慢来，因为宝宝正在试着协调自己的身体。

◎ **礼物三：布书及绘本**

此时的宝宝对色彩的敏感度提高了，色彩鲜艳、线条简单的绘本或布书充斥着大量的彩色元素，能让宝宝"过足眼瘾"。在这个时期，宝宝的图案知觉和空间深度知觉也渐渐发展，而这些图画书也为这种能力的发展提供了机会。是不是有种"不明觉厉"的感觉？至于为什么可以选布书，只能说，当我们发现纸质的绘本被宝宝玩得支离破碎的时候，我们才明白"撕不烂"是多么必要的属性。宝宝在这个时候不会明白这些图画书里有什么内容，他们也不会关心，但是如果父母能够为宝宝朗读几段，肯定是更好的。

语言发展：脑发育关键期，做个"话唠"父母

宝宝开始说话了。

到 4 月龄，宝宝又长大了不少，他自己待着的时候开始会"咿咿呀呀"地发出声音了。你逗逗他，他也会发出响亮的笑声了。

这个时期的宝宝在语言发育上有着明显的变化，这也是你突然觉得"宝宝开始变得很有趣"的一段时期。

这个时候的宝宝有以下 6 个语言发育特点，你可以关注一下。

（1）开始对名字有反应：你喊他的名字时，他会看向你或者试图做出反应。

（2）开始对"不"字有反应：当你说"不行""不可以""不能做"时，宝宝会停下来或者有情绪反应。

（3）可以通过声调分辨情绪：比如宝宝听到尖叫，虽然听不懂内容，但也能听出来"有不好的事情发生了"。

（4）听到声音时会发出声音来回应：声音可能只是"咿咿呀呀"，但如果你仔细听，就会发现他的声音时高时低，好像在发表观点或提问题。

（5）会用声音来表达快乐和不开心：比如他觉得衣服穿得不舒服，就会发出尖叫声或者类似撒娇的声音表达他的不爽。

（6）会发出一连串辅音：有些宝宝在这个月龄，会不自觉地发出类似"mama""bubu"的声音，这些音节有点儿类似宝宝叫"妈妈""爸爸"。这是处于这个年龄段的宝宝无意识的行为，但它是语言发育的重要标志。

不过，即使宝宝 5 个多月大了，以上大部分特点都还没显现，你也不用太着急。每个宝宝的发育都有自己的规律，早一点儿或晚一点儿都是很正常的。

宝宝 7 个月大时，如果仍然没有开始牙牙学语或模仿任何声音，那你就要注意了，建议你及时咨询儿科医生，看看宝宝的听力或者语言发育方面是否有问题。

促进宝宝的语言表达能力

宝宝已经开口"咿咿呀呀"了，那不少父母会问：怎么才能让宝宝说得好、说得早呢？

确实，卓越的语言表达能力，往往是培养出来的。

我们常说要重视宝宝的脑发育，其实你的语言就是刺激大脑发育最好的教育资源。等宝宝进入幼儿园的时候，每天积极和宝宝沟通的家庭和不重视沟通的家庭，会给宝宝带来"3 000 万个词语"的学习差异。在日积月累中，宝宝的语言能力自然就提升了。

那么，怎么让宝宝尽可能地多接触词语，既说得早又说得好呢？你可以采用这种方法：把一切都说给宝宝听。

"把一切都说给宝宝听"的意思，就是把你看到的、想到的、感受到的全都说给宝宝听。

当然，说给宝宝听不等于干巴巴地说，有如下几个步骤。

第一步，要尽可能地描述我们的动作，让宝宝接触更多词语。

比如，脱尿布的时候，你可以一边脱一边说"我们把左边的胶带撕开，再把右边的胶带撕开"，而不是简单地说"我们来脱尿布吧"。把你的动作一一拆解，宝宝能接触的词语才会更多。

第二步，多用形容词，配合夸张的语调，吸引宝宝的注意力。

想要宝宝愿意听你说，就要抛弃干巴巴的用词。这个时候的宝宝还不明白语言的真正含义，但是当你用比较夸张的语调，多说几个形容词时，尽管宝宝不知道你说的是什么意思，但他却可以感知你的情绪，从你的情绪和动作中理解你说的话的含义。

比如，你要给宝宝换尿布了。换尿布之前，你就说："哇，谁的尿布沉甸甸的，是不是宝宝的呀？"你可以像这样用比较夸张的语调，吸引宝宝的注意。穿尿布的时候，你可以一边穿一边说："哎呀，谁的屁股'坦荡荡'了，我们快点儿把尿布穿好，不能让别人看见！"

有些父母可能会害羞，不好意思这样说。但其实这样说话对宝宝有着重要的意义。

如果你只是跟宝宝说"换尿布吧"，或者什么都不说就直接给他换好，看起来，宝宝都获得了一块干净的尿布，但是宝宝失去的是感知你起伏的声音，用笑脸或者摇摆的小手回应你，理解你的情绪和你的动作，甚至是用笑脸或者摇摆的小手回应你的机会。

对于刚刚降临这个世界的宝宝来说，这都是重要的学习机会。所以，哄睡、换衣服、喂奶、玩游戏、带宝宝出门，任何生活场景，你都可以像宝宝的传声筒一样，把所有事情说给他听。

要说"吃饭饭"这样的宝宝语吗？

专家有话说

叶 壮

美国心理协会（APS）成员，中科院心理研究所发展与教育心理学硕士

究竟要不要和宝宝说"吃饭饭"这样的宝宝语呢？

我们认为，宝宝语是一种积极尝试的手段，在宝宝一岁半前，大人可以这样说，但没有必要一定使用。

在给宝宝读书时，尽管他什么都听不懂，也尽量不要使用"咿咿呀呀"或者"吃饭饭"这样的宝宝语。因为要给孩子语言启蒙，你和他说的话，只要稍微高于他当下的语言能力就可以，也就是我们老话说的"踮踮脚、够得着"。

但是像"吃饭饭"这样的儿语，父母一边拿着碗一边说起来情感很丰富，声音也放大了，这会帮助宝宝在语言学习的初级阶段将语言和动作联系起来。可以尝试使用，有计划地过渡。

日常护理

口水泛滥的护理

在宝宝的成长过程中，总有那么一阵子，宝宝的嘴里慢慢地都是亮晶晶的口水。尤其是4~6个月大、处于出牙期的宝宝，口水就像开了闸，怎么也止不住。有时候爸爸妈妈擦得不及时，口水就会糊在宝宝的脸上，让宝宝很难受。

你可能充满疑惑，宝宝到底怎么了？遇到这样的情况该怎么办呢？

其实，宝宝流口水是一种很正常的生理现象，等孩子长到2~3岁时，这种情况会逐渐消失。

宝宝之所以会流口水，最基本的原因是宝宝还没有完全学会吞咽，口水一旦在口腔积聚，不及时吞咽，就可能流出来。

另外，当宝宝的口水分泌增多时，也会让流口水的现象越来越严重。这主要有以下三个原因。

◎ **吃了含淀粉的辅食**

个别宝宝在 4 个月大的时候已经可以开始吃含淀粉的辅食了，辅食中的淀粉会刺激口水中淀粉酶的分泌，从而导致口水增多。

◎ **吸吮手指**

宝宝吸吮手指时，口腔受到刺激后会增加口水的分泌。

◎ **长牙**

长牙会刺激唾液腺的分泌，导致口水增多。

宝宝流口水该如何护理？

面对宝宝流口水的情况，如果护理不当，让口水糊在脸上的时间过长，口水中含有的消化物质就会破坏宝宝脸部皮肤的表层，导致出现"唾液疹"。那么，宝宝一旦进入口水泛滥期，又该如何护理呢？

◎ **勤给宝宝剪指甲**

皮肤瘙痒时，宝宝会下意识地去挠，长指甲很容易划伤脸部的皮肤。指甲里面藏的污垢还可能给宝宝的皮肤带来新的感染。

◎ **保持面部及衣物清洁**

发现宝宝流口水，你可以拿洁净的湿毛巾给宝宝轻轻擦拭，擦拭后抹上婴幼儿使用的无毒油脂来保护宝宝的肌肤。如果口水流到衣服、枕巾、被子等处，还要注意勤换洗，防止细菌滋生。

◎ **不要捏宝宝的脸颊**

许多大人在逗弄宝宝的时候，喜欢捏宝宝的脸颊。人的脸部有唾液腺，经常触碰，会对唾液腺造成反复刺激，从而导致口水分泌增多。

除了做好护理，还可以通过让宝宝模仿爸爸妈妈吞咽口水的动作、给宝宝喂食鸡蛋饼等块状固体食物的方式，提高宝宝的咀嚼能力，并且消除出牙带来的不适。另外，由于发育状况存在差异，个别宝宝流口水的现象可能稍有延迟。

哪些情况需要引起重视？

"口水旺盛期"是每个宝宝发育的必经之路，但是也存在一些特殊情况，需要你多加留意。

◎ **脑瘫或先天性痴呆**

宝宝两岁后仍然流口水，且伴有语言发育迟缓、不能走路等现象。

◎ **口腔溃疡**

宝宝的口水量增加，且在进食时哭闹或者反复舔舐口腔的某一位置。

◎ **呼吸系统感染**

宝宝的口水量增加，且伴随咳嗽、发热等症状。

尽管母乳相比于其他食物更适合宝宝生长，但如果宝宝到了添加辅食的年纪，就一定要适当添加辅食，锻炼宝宝的舌头和吞咽功能。

6 个技巧缓解宝宝长牙不适

当你发现宝宝突然开始喜欢咬硬硬的东西，口水还流个不停，就要注意了，这可能是宝宝长牙的前兆！

宝宝们一般在 3~12 个月大开始长牙，长牙时间通常在 6 个月左右。长牙前，除了上面说的两个特点，宝宝的牙龈还会红肿。因为很不舒服，所以这段时间的宝宝会比较暴躁、易怒。

这段时期对你来说可能是一种折磨，但是你要知道，牙齿的健康关乎宝宝以后的进食以及恒牙的发育。那么，应该怎么为长牙期的宝宝做好牙齿护理呢？

如何帮宝宝缓解不舒服？

缓解宝宝长牙期症状的方法有很多，让我们从不同的角度入手，全方位帮助宝宝度过这段时期。

◎ **摩擦牙龈**

用手指或干净湿润的毛巾摩擦宝宝的牙龈，冰冷的感觉和压力能够缓解不适。按摩前记得把手清洗干净。

◎ **准备一个咬环**

可以让宝宝咬硬橡胶咬环来给自己的牙龈施加压力，从而缓解不适。这里要注意的是，不推荐充满液体的或者冰冻的咬环，因为宝宝可能会把它咬坏，导致受伤。

◎ **及时擦口水**

长牙期口水量增多可能会导致皮肤出现"唾液疹"。你可以准备一条口水巾，及时给宝宝擦掉口水以保持脸部干燥。

◎ **避免使用直接接触牙龈的药物**

除非医生推荐，否则不要用能直接抹在宝宝牙龈上的药物。宝宝可能会把药吞下去，损伤喉咙，从而影响正常的吞咽。

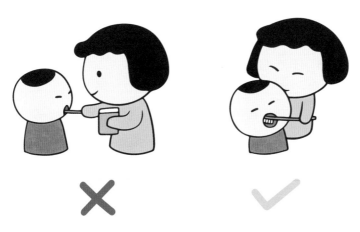

图 4.4 给宝宝刷牙的正确方法

防蛀牙要从乳牙阶段开始

医生有话说

何剑亮

浙江大学医学院附属第二医院口腔科医师，知名口腔健康科普作者

很多爸妈觉得乳牙要换，长蛀牙也没关系，其实并不是这样的。牙疼可能会让宝宝不愿意吃东西，造成营养不良，也有可能影响恒牙的发育，所以口腔清洁要从出生后做起。

◎ 从长第一颗牙开始刷牙

宝宝的牙齿一旦长出，记得每天至少给他刷一次牙。开始时可以用纱布或者棉签蘸清水为宝宝擦拭牙齿，待宝宝适应每天清洁牙齿之后，可以为宝宝挑选一支婴儿专用软牙刷。

◎ 避免喝果汁及含糖饮料

长牙期尤其要限制宝宝含糖饮料的摄入量，还要注意避免宝宝抱着奶瓶睡觉，以防产生蛀牙。

宝宝吃手有利弊，这个阶段不用急

4～7个月大的宝宝，手的精细动作快速发展，逐渐掌握了抓、取等技能。在这一阶段，他们喜欢通过手和嘴来探索外界的事物。一种非常有趣的现象也由此产生——宝宝吃手。很多家长都会有这样的困惑：宝宝吃手，到底该不该阻止呢？

丁香妈妈的建议是：宝宝吃手有利弊，父母还是应该具体情况具体分析。

宝宝能主动把手准确地放进嘴里，是依靠感觉系统和运动系统的协调配合才完成的，对小宝宝来说，这是值得开心的进步。

吃手可以使宝宝的口腔获得感觉上的刺激，促进其大脑发育，让宝宝更聪明。同时，宝宝吃手是在自我安抚，就像成人也可能用抖腿、在手里捏东西等方式来应对焦虑情绪一样，婴儿吃手也是其应对情绪的一种方式。

但宝宝吃手，也会有一些弊端。

（1）卫生问题：如果手不干净，细菌就会进入口腔，增加感染的风险。

（2）生理问题：如果吃手的情况比较严重，可能会导致手指破皮、变形，长期如此还可能影响牙齿发育。

（3）社会问题：等宝宝长大了，比如到四五岁还在吃手，可能会不利于宝宝的社交发展。

宝宝吃手该怎么应对？

如果宝宝只是偶尔吃手，并没有伤到自己，别的小朋友、幼儿园老师等也能接受宝宝的这个习惯，父母就没必要特意制止，而且越是制止可能越会强化宝宝吃手的行为。但如果宝宝吃手带来的弊端比较明显，你就需要和宝宝一起想办法来改变了。比如，注意保持宝宝手的卫生，用安抚奶嘴替代，商量一个不吃手的暗语等。和宝宝多互动，玩他感兴趣的游戏，玩耍中不给他机会吃手，慢慢地，宝宝也会忘了吃手。

喂养

科学背奶攻略

　　随着宝宝一天天地长大，不少职场妈妈又要结束产假重回职场了。大部分妈妈都会选择在 1 岁左右给孩子断奶，于是在这个阶段，妈妈们又面临着新的挑战：我去上班了，该怎么给孩子喂奶呢？当妈妈不在家时，怎么才能保证宝宝每顿饭都吃得饱、吃得好呢？这也许是用母乳喂养的很多妈妈的困扰。

　　其实，即使上班，我们也可以做快乐的"背奶妈妈"。在产假即将结束前，我们可以做好如下准备工作。

产假结束前的准备工作

　　（1）让宝宝适应奶嘴：上班前两周左右，可以开始用奶瓶喂奶，让宝宝提前接受奶嘴。

（2）调整作息、练习挤奶：准备上班前的1～2周，宝宝和妈妈都可以开始调整作息了。妈妈要开始适应定时挤奶的习惯，还可以事先多储存一些乳汁，贴上时间签并冷藏。这样即使在妈妈重返职场初期感到不适，影响乳汁分泌的情况下，也能保证宝宝吃得饱。

（3）预备适合的吸奶器：要选择质量好、材料安全、适合乳房的吸奶器。质量差的吸奶器虽说也能够吸出足够的乳汁，但可能会对妈妈的乳房造成损伤。

职场妈妈的挤奶攻略

（1）挤奶环境适宜：如果没有母婴室或休息室，也尽量选择温暖、安静、隐秘的空间挤奶。可以尝试用按摩、摇晃、牵拉乳头等方式来唤醒乳房，促进乳汁分泌流动。

（2）挤奶时间和频率：妈妈上班后，为了更好地模拟宝宝吃奶的频率，建议吸奶时间和母乳喂养基本相同。一般为每2～3个小时吸一次，每侧吸15～20分钟。

你可以选择双头吸奶器，提高吸奶效率。吸完奶后，你还需要再花1分钟用手把吸奶器无法吸出的残留乳汁挤出，以便进一步提升奶量。下班回家后，建议你尽量直接进行哺乳，增加宝宝的吸吮对泌乳的刺激，促进产生更多母乳。

（3）巧用道具：使用容量够大、设计省力的妈咪包，时尚、大方又好用的外出哺乳衣、哺乳毯、背巾等。

（4）职场沟通：对于不理解自己吸奶行为的上级或同事，你需要表明，除了午休时间，每天只需2～3次20分钟左右的吸奶时间，而这与多数吸烟者每天需要的时间相当。建议妈妈适当运用自己的哺乳假，保护自己的合法权益。

母乳如何储存和保鲜

妈妈们每天辛苦地挤奶之后，要怎么储存母乳才能保证其质量呢？

要注意容器的选择。

丁香妈妈建议你选择玻璃瓶、聚丙烯材质（PP）的容器、储奶袋等。最好不要用含双酚 A（BPA）的容器（通常指的是 PC 材质的容器）。在具体购买时，你可以注意包装上是否标明了"不含 BPA"（BPA Free）、"不含双酚 A"等字样。

一旦乳汁进入你选定的容器，你有以下三种选择。

（1）直接让宝宝喝。

■ 室温 25～37℃时，可以存放 4 个小时。

■ 室温 15～24℃时，可以存放 8 个小时。

■ 室温 <15℃时，可以存放 24 个小时。

■ 乳汁不能被储存在超过 37 ℃的环境里。

（2）放进冰箱冷藏。

冷藏温度在 2～4℃，可以储存 6～8 天。

（3）放进冰箱冷冻。

■ 在单门冰箱的冷冻室中，可以储存 2 周。

■ 在双门冰箱的独立开门的冷冻室，可以储存 3 个月。

■ 在恒温冰柜中（﹣20℃），可以储存 6 个月。

相对于室温保存的乳汁，冷藏或是冷冻过的乳汁会少一点儿营养成分，但即使是这样，也比奶粉有营养得多。所以妈妈们完全没有必要因为自己的乳汁被冷藏或是冷冻过了，就盲目地给宝宝添加奶粉。

解冻母乳最安全的方式是将其在冷藏室里放一夜，或是拿着容器放在流动水中冲，并逐渐提高水温，将其加热到舒适的饮用温度。这里还要特别提醒一点：解冻过的母乳不能再次冷冻！

丁香妈妈小课堂：
如何保存加热母乳

辅食添加的顺序和禁忌

应该什么时候给宝宝加辅食？

父母都希望孩子苗壮成长，总是担心给孩子的营养不够多、不够全面。宝宝什么时候可以吃辅食呢？不同阶段的宝宝吃什么辅食最合适呢？

其实，给宝宝添加辅食的时间并不固定，主要根据宝宝各个方面的发育状况而定。

一般在宝宝体重达 6.5kg～7kg，能做到稳定地抬头，控制身子运动，扶着坐及用勺进食后，你就可以尝试添加辅食了。此时宝宝大多 6 个月大，刚好处于味觉和咀嚼功能发育的关键期。如果宝宝在 4～6 个月大时已经达到了上面所说的条件，也可以开始逐渐添加辅食。但需要注意的是，未满 4 个月是一定不能添加辅食的，因为此时宝宝的消化系统发育不完善，过早添加辅食不仅会影响母乳喂养，还可能引起宝宝胃肠不适，进而导致喂养困难、增加感染等风险。

辅食应该怎么加？

添加辅食要遵循以下几条原则。

◎ 从一到多

每次只添加一种新食物，连续吃 2～3 天，如果宝宝没有出现不适的情况，再添一种新食物。这一点非常重要，因为在添加辅食前，我们并不知道宝宝的过敏情况，这样做一方面是为了判断宝宝的口味，另一方面是观察宝宝会不会出现皮疹、腹泻、呕吐等过敏反应。

假如宝宝存在过敏反应，通常在 6 个小时内就会出现症状。此时应该戒断该食物，过 3 个月左右再尝试，那时宝宝可能就不过敏了。

◎ 由稀到稠、由细到粗

同一种食物，要随着宝宝月龄逐渐增长而做成不同形态。也就是说，我们要关注辅食的黏稠度和颗粒大小。

以肉举例，做成辅食一般有以下几种情况。

- 不用咀嚼、方便消化的泥状，比如打得碎碎的肉泥。
- 需要咀嚼、吞咽的半固体状，比如剁得碎碎的肉末。
- 需要仔细咀嚼的固体状，比如小颗粒的肉末。

肉泥　　　　　　　碎肉末　　　　　　小颗粒肉末

图 4.5　肉类辅食的几种形态

◎ 由少到多

最开始给宝宝尝试吃一种食物，要从 1 小勺开始。第一天，可以尝试 1~2 次，往后可以增加进食量或次数。这样观察 2~3 天，宝宝适应了，就可以再尝试新食物。这么做可以让宝宝尝试接触新味道。

但亲爱的父母，我们并不需要勉强宝宝。如果坚持尝试了几天，宝宝还是不愿意吃，你可以考虑一两个星期后再尝试一下，如果宝宝那时还是不能接受，也不必强求。

好的辅食应该是怎样的？

我们都想给宝宝最好的。但是，面对多种多样的辅食，你该怎么选择呢？什么样的辅食才是最好的呢？

好的辅食有以下 5 个特点。

◎ **营养密度高**

宝宝的胃容量很有限，好的辅食能提供充分的能量、优质的蛋白质和丰富的微量元素。特别是要添加富含铁元素的食物，比如强化铁米粉、红肉泥、鸡蛋等。

◎ **易清洗，易准备**

好的辅食，准备起来一定很方便，也很卫生。

◎ **容易吃，好消化**

宝宝的咀嚼和消化吸收能力还不强，所以食物除了本身要有足够的营养，也要容易吃下去。

◎ **不含骨头，不坚硬**

太硬、太小的颗粒物容易呛到宝宝或卡在他的喉咙里，所以吃鱼的话可以选择三文鱼、鳕鱼等。同理，坚果、水果块也不适合给 1 岁以内的宝宝吃。

◎ **口感天然，口味清淡**

宝宝的味觉很灵敏，食物应该以天然的口感为主，没必要添加任何调味料（如盐、胡椒粉、儿童酱油等）。别担心宝宝吃起来不香，他们的小舌头可敏感了！

辅食应该吃什么、怎么吃？

◎ **6 月龄**

辅食关键词：糊泥状食物，比如米糊、菜泥、果泥、肉泥等。

建议优先添加富含铁的食物，比如强化铁米粉、红肉泥等。

主食依然是母乳或配方奶，辅食主要是让宝宝的食物逐步多样化，量不需要太多，每天可以喂 1～2 次辅食，一次喂 1～2 勺。

有些宝宝可能会因为不熟悉而拒绝尝试，那么可以选择在宝宝不太饿的时候让他尝辅食。起初，宝宝一次可能会吃不到一勺，不要着急，也别强迫宝宝吃完，慢慢来。在宝宝接受辅食后，可以逐渐增加到每次 4 勺左右。注意一次只加一样，观察没问题了，再尝试新的种类。

刚开始添加辅食时，你还应该注意观察孩子是否有食物过敏的现象，比如是否有呕吐、腹泻、出现湿疹等情况。

可以吃的食物有以下几种。

■ 奶：600ml 左右。

■ 主食：强化铁米粉等，5～20g（1/2～2 勺冲调好的米糊）。

■ 荤菜：红肉类，10～25g（1/2～1 勺肉泥）。

■ 蛋黄：1/4～1/2 个。

- 蔬菜：少量尝试，10～20g（1/2～1 勺菜泥）。
- 水果：少量尝试，10～20g（1/2～1 勺果泥）。

◎ **7 月龄**

辅食关键词：菜泥、果泥、肉泥。

每天保持 600ml 奶量，每天喝 4～6 次奶，吃 1 次辅食。

优先添加富铁食物，比如强化铁米粉、红肉泥等。

选择强化铁米粉可以用母乳、配方奶或水冲调成稍稀的泥糊状，能用小勺舀起但不会很快滴落，毕竟无论米粉是太稀还是太稠，对宝宝都不是很好。

宝宝还可以吃菜泥和果泥：用南瓜、土豆、山药、西蓝花、苹果、香蕉等食物做都是好选择。

◎ **8～9 月龄**

辅食关键词：末状食物。

每天保证母乳 / 配方奶 600ml，喝奶 4～6 次，吃辅食 2～3 次。

从富铁食物开始，逐渐达到每天 1 个蛋黄或全蛋（蛋黄适应良好就可以尝试添加蛋白）和 50g 肉禽鱼（大概为普通成年女性半个手掌那么大一块）。其他谷物、蔬菜、水果视情况添加。

若婴儿对蛋黄 / 鸡蛋过敏，在回避鸡蛋的同时应增加肉类 30g（大概为普通成年女性三分之一个手掌那么大一小块）。

可以吃的食物有以下几种。

■ 主食：稠粥、软饭、烂面等。

■ 碎菜：胡萝卜、青菜、菠菜、南瓜、西蓝花、花菜等。

■ 小粒水果：苹果、梨、香蕉、草莓、西梅、木瓜、鳄梨等。

■ 蛋白质：鸡肉泥、鱼泥、虾泥、肉末、豆腐泥、豌豆泥、蛋黄、全蛋等。

在这个时期，宝宝需要开始练习咀嚼，因此要逐渐为宝宝提供颗粒状的食物。慢慢地，准备的颗粒要由小变大，由软变硬。

◎ 10～12月龄

辅食关键词：碎状、丁块状、"手指食物"。

保证母乳 / 配方奶 600ml，每天喝奶 3～4 次，吃辅食 2～3 次。

此时，孩子摄入的食物种类几乎可以跟大人一样了，只不过相对于大人的食物会更小巧精致。可以将食物切成块状，煮的时候也要注意时间久一点儿，让食物更软烂一些，方便宝宝咀嚼。

每天仍然保持吃 1 个鸡蛋，肉禽鱼 50g，适量谷物，增加蔬菜、水果种类。根据宝宝的需要可以适当增加食量。

宝宝吃辅食的时间尽量跟大人三餐同步，两餐之间可以各加一顿点心，这就有点儿像幼儿园的饮食节奏了。

可以吃的食物有以下几种。

■ 主食：小饺子、小馄饨、软饭、馒头片、面包片、软意面等。

■ 煮软烂的蔬菜：豌豆、西葫芦、胡萝卜等。

- 小粒水果：草莓、猕猴桃、火龙果等。
- 蛋白质类：鱼片、豆腐、白煮蛋、碎豆等。

尝试"手指食物"，从较软的开始，如香蕉块、南瓜块等。等宝宝 12 个月大时，可以开始尝试喂给他黄瓜条、苹果片、鸡肉块、烤面包片等较硬的块状食物。

◎ **注意事项**

还有一些注意事项，需要你了解。

（1）1 岁以内的宝宝不要吃盐：宝宝满 1 周岁前，所有食物都不应该额外添加任何形式的盐（包括盐、海盐、儿童酱油等）。

（2）不要在宝宝的食物中加糖：早期加糖会增加宝宝患龋齿的风险，这会让宝宝爱上甜味这种"不健康"的味道，养成没有甜味就不吃的习惯。

（3）1 岁以内的宝宝不要吃蜂蜜：蜂蜜可能含有肉毒杆菌毒素。婴儿胃肠功能较弱，肝脏解毒能力差，尤其是小于 6 个月的婴儿很容易肉毒杆菌中毒。安全起见，不建议给 1 周岁以内的婴儿食用蜂蜜及蜂蜜水。

（4）别急着给宝宝吃整颗坚果：坚果比较硬且不易咀嚼，直接给宝宝吃整颗坚果容易让他在进食过程中发生呛咳，严重时还会造成窒息。我们可以尝试把磨碎的坚果加在粥、饼或小点心里，增加香味。另外，由于坚果容易引发过敏，刚开始添加时，我们需要注意观察孩子有没有过敏反应。

（5）不要给宝宝喝果汁：一方面，果汁太甜，经常喝果汁容易导致宝宝拒绝喝白水，不利于牙齿保护；另一方面，水果变成果汁后，损失了原来有助于消化的膳食纤维，只有满满的糖分。

（6）不要给宝宝喝米汤、煮菜水：米汤本身的营养及能量密度很低，喝米汤会占据孩子有限的胃容量，影响其他营养素的吸收。同理，煮菜水也没有什么营养，除了含色素，还可能含有化肥、农药，甚至重金属。

（7）别贸然给宝宝喂食成人食物：千万不要过早地给宝宝添加成人食物，哪怕是汤水都不行。一般来说，成人食物的口味都比较重，会增加宝宝的肾脏负担，导致他消化不良。建议在宝宝 3 岁后再考虑食用成人食物，但烹调上还是要尽量少盐控油。

儿童餐椅的选择

当宝宝开始吃辅食的时候，相信父母已经在考虑要怎么训练宝宝坐着吃饭了。这个时候，一把合适的儿童餐椅就成了必要的选择。

当宝宝会自己坐着的时候，就可以开始使用餐椅了。坐在餐椅上吃饭，除了能帮助宝宝坐稳，还能保证宝宝在吃饭的时候不乱动。在减轻爸爸妈妈烦恼的同时，餐椅还能为宝宝养成良好的进餐习惯打下基础。

目前市面上的餐椅多种多样，功能设计也各不相同，那到底该如何选择呢？

在功能上，绝大部分餐椅都有三个基本功能是一致的：有可拆卸的餐盘、可调角度的靠背和可调高低的座椅。在保证餐椅的基本功能之外，最重要的就是餐椅的安全性。

安全系数高的餐椅应该同时具有以下几个特点。

（1）至少有三个点的安全扣（安全带）：能将宝宝固定在座位上，防止他扭动身体或者突然站起跌出座位。只要宝宝坐在餐椅上，就帮他扣好安全扣。

（2）防滑柱：可直接与座位或餐盘相连，目的在于防止宝宝从餐盘和座位间的空隙中滑脱。

（3）轮子锁定装置：在保证餐椅方便移动的同时，也为餐椅增加不会轻易滑动的保障。

（4）坚固的餐盘：可拆卸餐盘的优点在于易清洁、易收纳、可调节，但同时也存在会被宝宝打翻的可能，所以在购买前要测试餐盘是否牢靠。

（5）不易翻倒的基底部：宝宝天性好动，很多宝宝 2 岁左右就不愿乖乖坐在椅子里吃饭了。所以，为了宝宝的安全，餐椅一定要稳定结实，不易翻倒。

（6）不易脱落的部件：没有容易夹住宝宝的部件。

睡眠

睡眠特征：向成人睡眠模式转变

在经过 3 个月没日没夜的护理之后，父母是不是感觉很疲惫呢？那么恭喜你们，在你们温暖细心的照顾下，宝宝终于要养成明显的昼夜规律了！

这个时期的宝宝，褪黑激素的分泌已经和成人比较接近了。因此，宝宝会慢慢开始养成昼夜规律，晚上通常可以一次睡足 4～5 个小时，甚至更久。这个时候，你不要叫醒宝宝来喂奶。

除此之外，你还会发现以下现象。

- 睡眠规律化：宝宝的睡眠模式明显向成人模式转换。每日睡眠总量为 14～15 个小时，白天通常小睡 3 次，共 3～5 个小时，每次清醒 2～2.5 个小时，夜晚睡眠时间共 10～11 个小时。

- 出现睡眠倒退期：宝宝在 4 个月左右会出现睡眠倒退期，表现为频繁夜醒、早醒、小睡变短等。
- 夜奶次数减少至 1～2 次。

严格为宝宝建立固定的作息表

随着宝宝的作息和你越来越接近，相信你一定感到欣慰。此时此刻，我们要进一步规范宝宝的作息规律——给宝宝建立固定的作息表！

很多宝宝的睡眠信号在这个阶段会消失，那么你就要按照清醒时间来给宝宝安排小睡，并尝试将每一次小睡的时间固定。与此同时，你可以将喂奶间隔延长至 4 个小时，并固定喂奶时间。

我们要尽可能地将宝宝白天的每次小睡时间控制在 3 个小时内。如果宝宝在白天每次睡眠超过 3 个小时，你可以将宝宝温柔地唤醒。在宝宝白天清醒的时间里，我们可以安排 2 次外出散步的机会，每次 1 个小时最佳。

这个阶段的宝宝的作息和之前相比会有稍许变化，丁香妈妈依旧为你准备了一张作息表，以供你参考。

7:00	起床，喂奶	16:00—16:30	小睡
9:00—10:00	小睡	19:00	喂奶
11:00	喂奶	19:30	夜间入睡
12:00—14:00	午睡	凌晨 3:00	喂奶
15:00	喂奶		

除了帮助宝宝建立固定的作息表，我们能做的还有很多。

（1）固定的睡前活动：每天睡觉前，固定性地进行洗澡、换尿不湿、喝奶等活动，或用哼歌、轻拍等方式哄宝宝入睡。

（2）提供舒适的睡眠环境：保证室内温度合适、空气流通、安静不吵闹，注意不要给孩子盖得或者穿得太多。

（3）帮助宝宝分辨昼夜：睡觉的地方，昼夜的光线要有明显的区分。白天保证光线充足，小睡前不要完全遮光或刻意制造完全安静的环境；晚上要及时关灯，或者调暗灯光，让宝宝感觉到睡觉时间到了。

（4）临睡前别让宝宝太兴奋：临睡前不要让宝宝过度兴奋或者过于疲劳，这样他在入眠的过程中常常很难被安抚，宝宝越困就越容易哭闹。到时候，哄睡难度会大大增加。

睡眠小障碍：如何应对宝宝夜醒

很多妈妈在夜里被宝宝的哭声吵醒时，由于短时间内意识还不太清醒，会下意识地给宝宝喂奶。这种行为是可以理解的，但是这样做真的对吗？

事实上，在没有弄清楚宝宝为什么夜醒之前直接喂奶，有时不仅无法解决夜醒问题，还会适得其反，造成更频繁的夜醒。

正确的做法是，在宝宝夜醒时，排查夜醒的真正原因，从根源上解决问题。造成宝宝夜醒的原因比较复杂，主要有以下三种。

- 睡眠环境因素：温度，干湿度，噪声。
- 宝宝自身因素：不舒服、胀气、大便了、纸尿裤漏尿等。
- 家长因素：让宝宝入睡过晚和睡前过度刺激。

总之，宝宝夜里醒了，可千万不要随便抱起来就喂奶。

宝宝夜醒背后的原因

专家有话说

朱笑婕

IPHI 认证睡眠咨询师

引导宝宝"自主入睡"的过程，其实是减弱、消除宝宝睡眠依赖的过程，这个过程也是我们常说的睡眠行为训练。

但是，睡眠行为训练不是万能的，下面这些有可能引起宝宝夜醒的因素是无法通过睡眠行为训练而改善的。

第一类：不适宜的睡眠环境因素，比如卧室的温度、湿度、光线、噪音、宝宝的穿盖等。

第二类：未被满足的生理需求，比如白天营养（奶／辅食）摄入不足、白天运动量不足或刺激过度、白天小睡安排不合理及身体健康方面的不适。

第三类：生长发育因素的影响，比如大运动发展、认知发展、里程碑事件、快速生长期等。

第四类：被忽略的情感需求及情绪健康状态，比如亲子连结不足、家长情绪不稳定、家长的压力很大或过于焦虑，都会影响宝宝的情绪状态。

所以，在改变宝贝的睡眠习惯之前，一定不要忘了优化上述相关因素哦，这样才能真的有的放矢，让宝宝好好睡觉这件事情变得事半功倍。

5

8～12月齢

　　进入 8～12 个月，相信你对于照顾宝宝这件事已经开始胸有成竹，手忙脚乱的次数也越来越少。你的身材在你的控制下也开始恢复，生产导致的妊娠纹、色素沉淀也随着时间褪去。但你在享受着宝宝带给你的快乐的同时，可能还会有些苦恼，每天围着宝宝转，似乎没有了自己的生活？

　　同时，这个阶段的宝宝变得越来越好动了。除了爬得越来越快、越来越远，他们开始尝试站立和行走，还会用一些动作来表达自己的情绪。他们可能会四处探索，跟你"咿咿呀呀"地说话；可能会开始害怕陌生人，变得非常"黏"你。这些都是宝宝身体、心理进步的表现。

丁香妈妈的小建议

丁香妈妈在这里给你三个小建议：

1. 在照顾宝宝的同时，要关注自己的成长，做一个快乐的妈妈。

2. 积极帮助宝宝从爬过渡到走，增强孩子的运动能力。

3. 随着孩子的行动力增强，关注安全问题。

妈妈准备好

做一个快乐的妈妈

　　每一个女人在成为妈妈之前，都曾幻想着，如果生个女儿，那就是多了一个贴心闺蜜；如果生个儿子，就是多了一个护花使者。想来想去，都觉得未来的日子美极了！然而，在生完孩子的头一年内，太多妈妈却发出了这样的心声：生完孩子，才知道生活有多糟糕。

　　生了孩子之后，一天 24 个小时围着孩子转。这意味着什么？

　　你开始没了自己的生活，没有健康的饮食，没有足够的睡眠。至于梳妆打扮，就更别提了。每天穿着睡衣出门"遛娃"，有时候太累了，恨不得脸都不洗，直接躺倒就睡。

　　宝宝到了 8 个月大，相信你一定成了一位优秀的母亲，换尿布、哄睡、给宝宝讲故事，没有一样难得住你。但是，在做妈妈的同时，别忘了做你自己。

而做自己的第一步，就要从做快乐的妈妈开始。

法则一：弱化当妈后的委屈心理，摆正当妈的心态

你可以问问自己的内心：

（1）孩子是你自愿生的，还是有人逼你生的？

（2）因为孩子，你是不是得到了很多从未有过的幸福感和快乐？

（3）如果有后悔药，你愿意把孩子塞回肚子里吗？

听听内心的答案，一切都会明朗。所有能说出的委屈，便不叫委屈。这也许只是因为一时对身份的不适应，但当你看到宝宝一天天成长，每天都有不一样的变化，等你真正适应了母亲的身份时，谁不是心酸里夹杂着甜蜜呢？

法则二：当妈后，你要相信自己变得更棒了！

妈妈真的是最全能的职业了。为了孩子，哪个妈妈不是十八般武艺，硬着头皮学？

研究怎么给宝宝用药，学着护理宝宝的感冒、咳嗽，给宝宝变着花样地做辅食，看了多本育儿书……瞧，每个妈妈都在和宝宝一同成长。当妈是一场修行，不仅仅是为了孩子，也是为了告诉你，看，你有那么大的能量，你可以遇见更好的自己。

法则三：给自己处理坏情绪的时间

很多妈妈都会有自责的时候。宝宝吃母乳过敏，责怪自己没抵抗住火锅的诱惑；宝宝摔跤了，责怪自己一不留神没有看护好宝宝；等宝宝再大一些，一不小心冲宝宝发了火，更是担心自己脾气太差，给宝宝留下心理阴影……

这些"心累"，日积月累就让你成了不高兴的妈妈。是不是该给自己一些时间呢?

- 约闺蜜喝下午茶，顺带吐槽。
- 给自己放假半天，出门购物。
- 把孩子交给长辈，和老公来一场约会。

只有你学会爱自己，照顾好自己的情绪，你才能给孩子和谐的家庭氛围。至于时间，挤挤总会有的，偶尔抽一天做个神经大条的妈妈，偷个懒把孩子"塞给"长辈，也没人会责怪你。

法则四：学会放手，相信爸爸也能带娃

很多时候，我们对任何一个人都不放心，包括孩子的爸爸。于是，爸爸"赤裸裸"地成了家里的"小三"。不少妈妈与爸爸之间的争执起因也都是育儿理念的不同。

试着学会"放手"吧，让你眼里"不靠谱"的爸爸带上半天孩子，你们会多很多共同的话题。你会发现原来爸爸的带娃方式有点儿特别，孩子似乎也很受益，也许你们之间的矛盾就这样自然而然地消失了。

想想看，如果你连孩子的爸爸都不信任，当孩子未来迈向社会，你是不是会更累呢？学会放手，你将发现，孩子依旧能快乐地成长，老公的"当爸的责任感"也会渐渐增强。一切都朝着越来越美好的方向发展。

也许我们有一千个对现实生活吐槽的理由，但换个角度，我们也能发现爱上美好生活的一万个理由。最重要的是，一个不快乐的母亲，很难养育出快乐的孩子。

很忙的爸爸也能成为一个好爸爸

在国内，甚至在全世界，带娃几乎都被默认为妈妈的一项分内工作。从喂奶到喂饭，从换尿布到哄睡觉，从陪玩到陪读，送上学，接放学，报早教班、兴趣班……

不过，值得肯定的是，越来越多的爸爸加入了带娃的队伍。那么，什么样的爸爸才叫一个好爸爸呢？

好爸爸没有标准，但可以肯定的是，孩子需要的是一个"好爸爸"，而不是让妈妈去把爸爸擅长做的事一一代劳。

美国卫生部出版过一本《父亲在儿童健康发展过程中的重要性》，这本书并不是一本"当爸爸指南"，而是给专业人员用来评估"父亲效能"的。

很多人觉得，自己把孩子养得白白胖胖的，孩子要什么就给他什么，给孩子花再多钱也舍得，"父亲效能"应该"爆表"了吧？可是"父亲效能"并不是你挣 100 元，就在孩子身上投资 99 元。"父亲效能"指的是，你的物质与精神，到底能给你的孩子带来多少正面的影响。

例如，你有 1 亿元，你全给了孩子，但相较于给他 1 000 万元，未必会对孩子产生更好的影响。父亲不应当单纯地把"父亲效能"的指标局限在养家糊口的能力高低上。

"父亲效能"在中国家庭中的重要意义

为了做一个好父亲，你其实有更多需要做的。

比如，"父亲效能"的第一项指标：和孩子的母亲培养积极的关系。做一个好的父亲与做一个好的老公不仅不矛盾，还是一件相辅相成的事情。微观家庭之中，任意两个人的关系和处境，都在影响着第三个人的心理状态。在致力于优化父子与父女关系的同时，从夫妻关系的角度出发，旁敲侧击，使用巧劲，同样也是非常重要的努力方向。相较于从感情破裂又不注重养育的父母那里每个月得到大量零花钱的孩子，看见父母相处融洽的孩子更幸福。

除了以上提到的，手册中其他"父亲效能"还包括：陪伴孩子，恰当规训，引导孩子走向外部世界，保护孩子和成为孩子的模范。

爸爸在亲子关系中的三个关键作用

提供情感陪伴

如果爸爸的工作忙，时间太宝贵，就未必有条件招之即来，但情感纽带一定不能断。和孩子或打电话，或通视频，或送礼物——父亲在生活中，就算不能时时出现，也要留下与孩子间足够多的联系。

塑造积极形象

很多爸爸与孩子的关系欠佳，这在很大程度上是因为，爸爸的出现对于孩子就意味着"没好事"或者"无所谓"。很多父亲给自己塑造的形象，约等于"凶神恶煞"的样子或者拿家当旅馆的"长租客"。

友善对待，好好相处，好好说话，是你在职场中受人尊敬的法宝。在家里，面对儿子和女儿也要一样，只有这样，你才能让他们有意愿听从你的管教。

带给孩子良好的情绪感受

亲子都能参与又比较能够激发良好情绪的典型情境，包括户外活动、体育活动、吃东西，以及逛博物馆和其他能引发好奇心的活动。因为这些活动本身就很容易让人愉悦，同时也给爸爸全身心的参与预留了充足的空间。

不过，一件本来很好的事情，很可能会因为父母的某些做法与话语而"煞了风景"。比如你对孩子说"今天咱们出来玩，那你回家后要写篇日记"或者"你看那个小哥哥多懂事"。

丁香妈妈在这里给忙碌的爸爸的小诀窍就是，既然出来玩，那就好好玩，偶尔带一次娃，就别借着玩的名义趁机教训孩子了。好苗不愁长，别功利地盯着怎么培养和提高孩子，大家真正高兴起来，才能让孩子把爸爸与当下的欢乐联系起来，从而建立良好的亲子关系。

爸爸带娃好处多

专家有话说

左 飞

美国心理协会成员，心理咨询师

随着宝宝长大，开始认识人、有自我意识，爸爸在陪伴上的频频缺席，会让很多孩子不得不经历心理上的"偏食"。

这对于一个家庭来说，除了导致孩子和爸爸不亲近，更会让爸爸没办法参与教育。孩子会出现认知混乱，缺少男性标杆。从长远看，这会对孩子的心理健康造成不好的影响。

宝宝说明书

生长发育

　　相信在8～12月龄这个阶段，宝宝会给你带来非常多的惊喜和乐趣。你可能经常会有这样的感慨：哇！太了不起了！宝贝会做好多事情了，每天都能给我们惊喜！

　　在运动发展方面，"七坐八爬"的老话，相信父母都心里有数。在这个阶段，孩子开始腹爬得很溜，并能扶着物品慢慢站起来，有时还能走两步。

　　在感知方面，孩子最大的变化就是他开始充满好奇心，喜欢模仿大人，也开始热切地探索世界。正因为如此，宝宝的视觉、听觉、动作、语言都发生着巨大的变化。你会发现他开始无意识地张口说类似ba、ma的音了，能读懂你的表情并给你回应了，开始喜欢吃手、扔东西了，甚至可以独立走路去做自己想做的事情了……

表 5.1　8 ～ 12 月龄的婴儿正常身长、体重范围

月龄	婴儿性别	身长（cm）	体重（kg）
8 个月	👦	63.9 ~ 78.9	6.46 ~ 12.60
	👧	62.5 ~ 77.3	6.13 ~ 11.80
9 个月	👦	65.2 ~ 80.5	6.67 ~ 12.99
	👧	63.7 ~ 78.9	6.34 ~ 12.18
10 个月	👦	66.4 ~ 82.1	6.86 ~ 13.34
	👧	64.9 ~ 80.5	6.53 ~ 12.52
11 个月	👦	67.5 ~ 83.6	7.04 ~ 13.68
	👧	66.1 ~ 82.0	6.71 ~ 12.85
12 个月	👦	68.6 ~ 85.0	7.21 ~ 14.00
	👧	67.2 ~ 83.4	6.87 ~ 13.15

数据来自中华人民共和国原卫生部《中国 7 岁以下儿童生长发育参照标准》文件指南。

很多父母回忆孩子成长的瞬间时，总是能想到他第一次站立、走路，第一次开口叫妈妈（爸爸）……在这个阶段，这些惊喜你都能体会到。接下来，丁香妈妈会为你一一讲解孩子在这个阶段的特征，并准备了一些小游戏，帮助你和孩子一起更好地成长。

8～12 月龄宝宝的发育速度依然很快。到 1 岁时，孩子的体重平均可以达到出生时的 3 倍，身高也在出生时的基础上平均增加了 25～30cm。

不过，每个宝宝都有自己的生长轨迹，没有人能够准确地预测宝宝会在什么时候学会某种技能。即使你家宝宝学会爬和走的时间迟了一点儿，都是很正常的，没必要因为"书上说了什么""隔壁比我们小的孩子都会如何了"就吓唬自己，认为自家的宝宝发育迟缓了。

男宝宝阴茎勃起

在女宝宝刚出生的时候，会出现假月经、乳房肿大这样看似"性早熟"的现象。男宝宝也会有类似的"尴尬"。在这个阶段，如果你拥有一个男宝宝，你就会发现他的阴茎会勃起了。

可能有些父母看到这里会笑，会惊讶，但这的确是真的。

宝宝的阴茎勃起是触摸敏感性器官时的正常反应，女宝宝的阴蒂也会勃起，只是看起来不明显罢了。这种勃起有时出现在换尿布时，有时是在洗澡的时候，几乎所有的男宝宝的阴茎都会出现偶尔勃起的现象。这是正常的现象，你不需要有任何心理负担，更不用觉得宝宝性早熟了。

贫血筛查，看起来健康也要做

8~12月大的宝宝需要做一个很重要的检查——贫血筛查。你可能不理解，为什么这么小的宝宝要测试是否贫血，宝宝看起来很活跃、很健康啊。

在通常情况下，轻度贫血的宝宝并不会出现明显的症状，比如苍白、虚弱等，但这并不意味着宝宝不贫血。

贫血一旦发生，会导致身体造血功能下降。还有研究表明，贫血可能会影响宝宝行为和认知的发育，严重者甚至会造成智力损伤。贫血还可能使宝宝食欲下降，影响宝宝从食物中获取铁，造成缺铁—少吃—缺铁的恶性循环。

通过筛查才能发现宝宝的异常情况，及时纠正才能保障宝宝的健康成长。所以，千万不要忘记及时带宝宝去筛查贫血。

各类发育评估是基于宝宝生长发育的平均变化情况，提供孩子成长的大致变化情况。所以如果宝宝的情况和发育评估表上的稍有偏差，你也不需要太紧张。

但如果宝宝在8~12月龄出现以下情况，就表示可能出现了发育迟缓，这时，你千万不要想着"宝宝大一点儿说不定就没事了"，而是要及时向儿科医生咨询。

- ▣ 不会爬。
- ▣ 爬行时拖着一侧身体超过 1 个月。
- ▣ 不能扶着物品站起。
- ▣ 不会寻找当着他的面藏起来的东西。
- ▣ 仍没有说过任何简单的词语（如"爸爸""妈妈"）。
- ▣ 不会使用身体语言，比如点头或摇头。
- ▣ 不会用手指出对应的物体或图片。

感知能力：显露社交属性，安全感的建立期

视觉

在这个阶段，你可能会发现宝宝变得聪明了不少。

比如，你会发现，当宝宝在床上爬，看到床边的时候，会主动停下来，而不是不管不顾地往前爬。藏起来的东西，宝宝可以找出来了。

这是因为宝宝开始对"深度"有了概念。随着爬行经验越来越多，宝宝可以更好地观察深度的变化，记住物体的空间位置，也会

更容易地找到隐藏的物体。

同时，在这个阶段，宝宝的视觉辨析能力在不断增强，已经有了物体继存性的认识。

这是什么意思呢？简单说就是，当玩具被藏起来了，宝宝不会觉得自己喜欢的玩具不见了。他开始意识到，看不见某个物体并不意味着它消失了。他还会觉得藏起来的人或物，再被他找出来，是一件有成就感的事。

针对上述特点，有以下两个小游戏，推荐你和孩子经常互动，以帮助孩子的感知能力进一步发展。

◎ 捉迷藏

爸爸妈妈常常和宝宝玩"躲起来、找出来"的游戏，如妈妈藏在门、窗帘后面，爸爸陪宝宝一起把妈妈找出来。这样做，既会给宝宝带来游戏的快乐，同时也会让宝宝意识到妈妈虽然会暂时离开，但还是会回来。这可以帮助宝宝建立正常的母婴安全依恋，同时也巩固了宝宝的视觉继存性认知。

◎ 照镜子游戏

出生6个月以内，宝宝在照镜子时会拍打镜子，对着镜子笑，但那时他并不知道镜子中的宝宝就是自己。随着年龄的增长，他会发现镜子中的那个宝宝就是自己，这是他自我意识的最初建立，同时宝宝开始认识到自己和别人不同。宝宝10个月大时，父母还可以和宝宝一起照照镜子，拿着镜子问宝宝："宝宝在哪里？爸爸在哪里？妈妈在哪里？"宝宝可以指出来。父母还可以对着镜子教宝宝认识五官，指指镜子中宝宝的小鼻子说"这是宝宝的小鼻子"，然后握着宝宝的手指着镜子中宝宝的鼻子。宝宝很喜欢玩这样的游戏，会玩得很开心。

听觉

8~12月龄的宝宝，在听觉上也有了大幅提高。这时宝宝的听力辨析能力很强，可以辨别母语中几乎所有的音素，而且开始模仿简单的元音和辅音了。

另外，宝宝也能听懂语音里的语调和情绪，他还可以根据语音里的情绪调整自己的行为，这是很了不起的社会性发展，这为宝宝将来的社交活动和社会适应性打下了基础。

这个时期的宝宝，对于有节奏感的句子会特别感兴趣，所以爸爸妈妈在跟宝宝说话时，可以采用不同的语调，尽量让句子变得有节奏感。

有条件的家庭还可以让宝宝多接触外语环境。宝宝天生具备掌握多种语言的能力，而10个月大以后，宝宝的这种能力就进入了关键启动期。这时候如果给宝宝一定的外语环境刺激，他的大脑就会对该种语言敏感，以后只要有了适当的环境，他学这门外语的效果就会更好。

宝宝这个时候的听力定位也是很准确的，听到声音马上可以找到发出声音的地方。不像四五个月大的宝宝，听到声音要去周围寻找才能定位。

针对这些特点，爸爸妈妈可以跟宝宝玩一个动物手指偶的游戏。

爸爸妈妈可以在手指上戴上彩色纸片手指偶模型动物，模仿动物的叫声给宝宝听，还可以考考宝宝能不能指出你模仿的声音是哪种动物发出的。通过声音认知事物是人的生存本能，是十分重要的听知觉过程。从孩子能够接触的动物开始，引导他不断地进行训练，孩子的听知觉能力就会不断地得到提高，他的言语储备也会跟着丰富起来。

社交

进入8～12月龄，宝宝的社交发展迈出了一大步。你会发现，孩子变得比之前更怕生了。不仅如此，你甚至觉得宝宝对你更依恋了，你离开时他会不高兴，会哭闹，但你一回来他就非常高兴。

你没看错，"怕生""依恋父母"正是孩子开始社交的第一步。当孩子因为陌生人抱他而哭闹时，其实并不是孩子胆小，而是因为随着孩子自我意识的发展，他对于每个人的长相有了更清楚的认识，也有了自己的小主张，比如"我要我喜欢的人抱"，"我要待在我熟悉的人身边"。

对于宝宝强烈的依恋诉求，我们应该推开宝宝让他更大胆一些吗？

当然不是。对于 1 岁以内的宝宝，再怎么陪伴都不嫌多。这个时候的宝宝还没有太强的自我意识，更不懂得什么是规则，什么是礼貌。他觉得害怕了，想你了，你就抱抱他，陪陪他，告诉他"爸爸妈妈在你身边，你很安全，我们很爱你"。

如果你逼着他接触陌生人，或者对他的依恋需求视而不见，只会加剧宝宝的恐惧和无助感。

作为宝宝最亲近的人，宝宝会不会害怕陌生人，敢不敢玩新玩具，愿不愿意主动接触小朋友……都和爸爸妈妈息息相关。

等宝宝接近 12 个月大的时候，他的社交发展又会迎来一个里程碑事件，那就是他开始对你的表情有反应了，或者说他开始"取悦"你——他最喜欢的大人了。他会因为你笑而继续逗乐你，也会因为你生气而做出害怕或者哭闹的反应。

当你露出轻松愉快的表情时，孩子自然就会得到暗示，"妈妈鼓励我这样做"，"我这样做很安全"，从而在社交上表现得更加大胆、更加自信。

运动能力：从爬行到学步，正确引导动作要点

在这个阶段，你会发现，宝宝的运动能力发生了翻天覆地的变化。在大运动上，宝宝从一个几乎只会坐着、不太会爬的小家伙，一眨眼变成了一个满地爬，还能站起来扶着物品走两步的"小魔王"。

为了学会走路这个技能，宝宝需要经过独坐、爬、扶站、扶走、走路这几个过程。其实从宝宝学坐开始，他就已经在为学走路储备能量了。

所以，在这个阶段，父母依旧要积极地帮助宝宝多爬，让他学会站立。随着力量的增强，好奇心会成为宝宝最好的学走路老师！

爬行

出生后 8 个月，大部分的孩子还停留在爬行的阶段。不过你会发现，8～9 个月大的孩子爬行的情况也和之前的完全不一样了。

对于他们来说，爬行这件事变得越来越熟练。随着上下肢的力量越来越强，他们不再满足于肚子贴着地面爬行，四肢撑地已经是他们能够做到的事情了。不过，孩子爬了那么久，比起"不会爬"，"不愿意爬"是父母更容易遇到的问题。

确实，如果单纯地让宝宝爬，他可能爬一会儿就觉得无聊，不想爬了。可是多爬行对于宝宝来说非常重要，这不仅有助于孩子下

肢力量的发展，更好地过渡到站立行走，对于孩子的专注力也有不少好处。

你可以试着这样做：

■ 在宝宝差一点儿就可以够到的地方放一些有趣的玩具，吸引他往前爬。

■ 当宝宝的爬行技巧比较灵活以后，可以用枕头、沙发垫等做一些有障碍的爬行路线，让宝宝从障碍物的上面或旁边爬过去。借助这些障碍物，跟宝宝互动做游戏，增加爬行的乐趣。

■ 等宝宝爬到终点后，赞扬宝宝"你爬得真快"，"你爬得真好"，都会让宝宝更喜欢爬行。

站立

有不少父母总会说，自家孩子似乎真的"不爱运动"，就是不肯爬，一不小心就直接过渡到了可以扶着站起来的阶段。

这也是常见的现象。随着宝宝的下肢拥有了足够的力量，对周围的好奇心会推动着宝宝抓住一切机会自己站起来。

宝宝站起来的第一步，就是扶着家具或者爸爸妈妈颤颤巍巍地站起来。不过你可能会发现，刚开始站立的时候，宝宝似乎站着站着就哭了，这是什么原因呢？

其实，这是宝宝还不知道怎样重新坐下去，哭着向你求救呢。如果你发现宝宝总是站着站着就直接摔倒或者哭起来，你就需要亲自为他示范如何让膝盖弯曲，让身体慢慢坐到地板上，而不是摔到地板上。

学会了这个技能，宝宝就不会站在那里因为不会坐下而号啕大哭了。

等宝宝学会了怎么扶着你或者家具站起坐下，宝宝的学步期就正式开始了！

行走

等孩子学会扶站，正式进入学步期，还会经历这样四个阶段。

◎ **阶段一：站立掌握平衡**

你可以拉着宝宝的手，鼓励宝宝走几步。即使宝宝刚开始不愿意迈开步子也不要紧，学会了扶站的宝宝要想过渡到走路，唯一的方法就是多站立。宝宝越是习惯站立，就越有欲望迈开腿走出他人生中的第一步。

◎ **阶段二："巡航"**

宝宝逐渐站稳之后，就会扶着东西试探地走几步，然后慢慢变成"巡航"，也就是到处扶走的状态。

你会发现，孩子喜欢扶着墙壁和家具到处走动，探索家里的角角落落。

在这个阶段，你并不需要弯着腰牵着宝宝刻意地学走路，这时你需要做的是给孩子提供安全的探索环境。

- 确定家里的家具都不易被挪动。
- 为宝宝找一个软的落脚地。

◎ **阶段三：独站**

渐渐地，你会发现，随着宝宝的腿部越来越有力，宝宝可以在没有人帮助的情况下站立几秒。

你可以把平衡变成游戏。和宝宝坐在地板上，将你的手放在宝宝的胳膊下面，帮助宝宝站起来。然后记下宝宝可以保持平衡的时间。每次尝试后给宝宝表扬和掌声："哇，宝宝你真厉害，这次比上次多站了 1 分钟！"

这会给宝宝极大的信心，很快他就会觉得自己可以尝试走一步了。尝试迈出第一步时，他的脚会晃动，甚至一放松就"摇摇欲坠"，但大部分宝宝会在短时间内自己连续向前走出好几步，直到你扶住他。渐渐地，宝宝的步伐也会随着他的尝试和锻炼而越来越稳健。

◎ **阶段四：独走**

大部分宝宝完成从爬行到迈出第一步，只需要短短几个月，但在真正实现独走之前，宝宝可能会在探索走路的过程中有踉跄或者绊倒的现象。不过你不用刻意牵着宝宝学走路，不用担心孩子摔倒了会疼、会哭，只要顺其自然就可以了。

牵着娃走路，不仅对大人的腰不好，也很难给宝宝正确的走路引导。

- 容易形成宝宝错误的走路习惯，比如踮着脚走。
- 容易对宝宝的骨骼造成损伤，大人不注意力道的话，就会导致宝宝胳膊骨折或脱臼。
- 会让宝宝失去自身探索走路的兴趣。
- 如果家长急于求成，会不经意地打击宝宝的自信心。

在这个阶段，你应该怎么做呢？

多鼓励宝宝走路，为宝宝走路创造机会，比如每次把宝宝放下的时候，让宝宝保持站立的姿势，而不是坐着。其实，你真的不用做太多，宝宝自然就学会走路了。

语言发展：开发第二外语的好时机

前文提到，进入 8～12 个月，宝宝的听力辨析能力和模仿能力会大幅发展。虽然这个时候宝宝开口发出的声音，比如"爸爸""妈妈"，都是无意识发出的，但这并不影响宝宝模仿说话的热情。在我们看不见的宝宝的小脑袋里，他的语言认知能力正发生着翻天覆地的变化。

要不要穿学步鞋？

医生有话说

郑朋飞

南京市儿童医院副主任医师，骨科学博士，南京医科大学硕士生导师

要不要给刚开始学步的宝宝穿鞋、穿袜？

刚开始学步的宝宝其实可以不用穿鞋、穿袜，让宝宝的脚掌踏踏实实地贴在地面上，感受身体的重力，以及与地面直接接触的感觉，更利于孩子的感受、学习、协调和平衡。

如果担心孩子不穿鞋袜会着凉，可以摸摸孩子的后背，看看孩子是不是真的感到冷。如果孩子自己不想穿鞋袜，就算穿上也想脱掉，那一定是觉得不舒服了。听孩子的就好，你并不需要担心孩子着凉。

外出时可以选择软底、软面、透气性好、鞋底有防滑设计的步前鞋，让宝宝的脚趾能够抓地，这有助于足底神经发育，能帮他更好地站稳和学走步。

变化一：这个阶段的宝宝可以识别全人类语言的所有音素

在这个阶段，宝宝不会存在分辨不出后鼻音，n、l 不分这样的问题。但是随着年龄的增长，我们对一些不常用的发音的辨别能力又会减弱，开始分不清这些细小的差别了。

不过，即使在这个阶段，辨别非母语的声音对宝宝来说还是很难的。因为宝宝从来没听过这些声音，会感到这些声音非常陌生，就会自动过滤这些陌生的声音。

所以在这个时候，是开发第二外语的好机会，可以适当给孩子听听英文儿歌。

变化二：开始用肢体和表情来表达自己的需求

这个阶段的宝宝的模仿能力在飞速发展，这意味着宝宝的理解性语言开始发展了。

比如，你会发现这个阶段的宝宝会模仿我们和他的互动方式，比如你和他说拍拍小手，他也会跟着你拍拍小手，这就是他在模仿我们的行为。

等宝宝模仿得越来越熟练，你就会发现他开始理解我们动作的含义了。比如我们经常一边和宝宝说再见一边挥手，宝宝就会模仿我们挥手的动作。久而久之，我们说再见时即使没有挥手，孩子也能做出挥手表示再见的动作。

在这个时候，我们可以和宝宝玩手势游戏。比如"小手拍拍"，"伸出手指点一点"，"拱手便是恭喜恭喜"……带着宝宝模仿你的动作，久而久之，孩子就会用动作表达自己的想法了！

变化三：开始说一些单词和叠词，并把说的话和事物联系起来

出生 8 个月之内，宝宝发出的更多的是一些"阿、哦、呃、唔"等单音节语气词。在这个阶段，宝宝虽然还是不能开口说话，但他能发出的声音和之前比还是丰富了很多，已经可以说"爸爸""妈妈""娃娃""大大"这样的叠词了。

最开始的时候，宝宝可能并不知道"妈妈"就是眼前这个一直照顾着自己的人，他只是在模仿你的声音。当他成功模拟出类似的声音后，他就会把这些声音串联起来，听起来就像是他在叫"妈妈"。

在这个时候，你不用在意宝宝的发音对不对，比如宝宝对着苹果说"屏狗"时，你不用忙着纠正或者纠结于你能否听得懂，你只要对宝宝的发声表现出认可，宝宝自然就会开心地重复，更愿意开口说话。

但等宝宝熟悉某个词语后，他便会努力去寻找这个词的含义，这也是我们觉得"孩子开始听懂我说的话了"的开始。

想要宝宝听懂你说的是什么意思，有这样一种简单的方法：指着人或事物说话。

比如爷爷奶奶来家里了，你就可以指着爷爷说"叫爷爷"；在给孩子读绘本的时候，可以指着图画书上的小熊说"小熊"；在吃水果的时候，可以一边拿着苹果，一边和孩子说"苹果"……

在生活中不断地加强发音和事物的联系，宝宝就能找到这种发音的含义。

不过要提醒你的是，刚开始说话的宝宝的语言是超级简练的，他们会把苹果叫作"果"，把牛油果叫作"果"……一个简单的"果"背后，可能是我想吃苹果，也可能是我想要拿着那个牛油果。

你可能会说，那我怎么猜得到孩子的心思呢？

确实，如果你给宝宝一个苹果，但是他想要的是牛油果，说不定他就会生气。因为这个时期的宝宝，嘴里蹦出的一个单音节背后往往是一个特定的行为，他以为自己说了"果"的意思就是"我要那个牛油果"。

这时候，就需要你多尝试几次，细心观察孩子的真实需求。比如孩子说"玩"，你可以指指门外，说"出去玩"，然后看看孩子的反应。接着拿出皮球，看看孩子的反应。如果宝宝看你拿出皮球就不生气了，你可以再拿着球和宝宝说"玩皮球"，让宝宝多熟悉几次，了解玩皮球这种发音的含义。

慢慢地，宝宝的语言表达就会更准确，你就不会觉得宝宝的需求真是太难满足了，怎么动不动就哭了。

宝宝说话有早晚

专家有话说

汤 维

育儿研究咨询师，丁香妈妈签约作者

从宝宝 9 个月左右开始牙牙学语，说出单个的有意义的词语，一直到宝宝两岁，他可能只会说二三十个词语，说由两三个词组成的简单句子。

这中间确实是一段相当漫长的时间，但一般情况下，宝宝在 20 个月内能够开口有意识地蹦出一些词，都是正常的。即使开口晚，你也不用太担心。

日常护理

宝宝可以用枕头吗

◎ 枕头不要用得太早

正常人的脊柱从侧面看有四处弯曲，但是刚出生的宝宝的脊柱是直的，没有弯曲。随着宝宝 3 个月左右时做出抬头动作，颈部脊柱才开始前凸，这是宝宝脊柱的第一处弯曲，又叫"颈曲"。总之，3 个月以内的宝宝不论是平躺还是侧卧，头部和身体都处于同一水平线，所以并不需要枕头，用枕头反而会不舒服。

◎ 多大的宝宝可以用枕头？

关于这一点，国际上还没有明确的推荐时间。丁香妈妈建议，1 岁以内的宝宝最好不要用枕头，会增加婴儿猝死综合征的风险；

1 岁以上的宝宝可以开始使用枕头，同时家人要根据宝宝的发育状况及时更换枕头。

给宝宝选择有"操控感"的玩具

如果没猜错的话，宝宝这时会爬了吧？甚至有的宝宝会扶墙站着，让大人领着开始走了吧？看着宝宝一天天长大，父母的喜悦之情肯定溢于言表。但随着宝宝的长大，之前的玩具似乎都有些"过时"了。

其实，那些玩具还能发挥一下"余热"。宝宝对这些颜色鲜艳、还能发出声音的东西仍然保持着一定的兴趣，如果宝宝想玩，那就让他玩吧。

但这个阶段不同于之前。因为就在这个时期，宝宝开始有了"目标指向的行为"，他们的行为有了更多的目的性，他们开始思考，开始尝试解决问题，并且模仿能力也在大幅提高。在这些需求之下，之前的那些玩具似乎确实有点儿"供不应求"了。在这个时候，如果孩子有机会沉浸在自己的游戏世界中，父母就不要再去打扰了，也不要帮忙。让孩子独自享受游戏，在不断的尝试中学习如何操纵他们的玩具。

那么在这个颇具"转折意义"的时期，让我们看看孩子们需要什么样的玩具。

礼物一：皮球

之前的皮球还在吗？当然，换个新的也是可以的，比如换个大一点儿的。随着宝宝运动能力的发展，他对皮球的处理方式也开始发生变化。在宝宝对皮球做出一些有意思的新鲜动作时，他的运动能力和平衡能力会得到更好的发展。

礼物二：画板、画笔

这里说的是儿童画板和儿童画笔。在这个阶段，宝宝逐渐掌握了涂鸦的技能，并表现出对艺术强大的渴望，墙上、地上、床上、画板上……感觉只要给他一支画笔，他就能画出毕加索或者凡·高的作品。这是"儿童艺术表征"能力在增强的表现。绘画增强了他自己利用符号来表示现实生活的能力，并增强了计划性和空间理解力。即使宝宝画出来的东西让人难以理解，"博学多才"的父母也尽量不要去纠正，要小心别打击他的积极性。就让宝宝安静地做个文艺宝宝吧。

礼物三：下蛋小黄鸭

你见过那种装上电池满地跑的小黄鸭吗？在宝宝还有"爬"的兴致，而不那么急着站起来的这几个月，一定要让宝宝爬得"充分"，爬得"纯粹"。

"嘎嘎"乱叫、到处乱跑的小黄鸭无疑为宝宝的爬行提供了极大的乐趣，尤其是当宝宝有能力将"鸭蛋"准确地放到小黄鸭身上时，这意味着宝宝的平衡能力和协调能力有了质的飞越。

礼物四：色彩明亮、图画内容简单的各种绘本和布书

在这一阶段，这些图画将不仅仅是刺激宝宝视觉发展的工具，还成了书，实现了它们作为书的终极价值——被看！

此时的宝宝已经对图画产生了初步的认知，并会将其与自己周围的环境产生联系。他希望从这些符号中获取一些信息，可惜的是他一般无法正确理解这些图画或者文字的内容。这时候，父母完全可以充当"旁白"："很久很久以前……"不管宝宝能不能听懂，这对他的语言发育总是有好处的。如果是布书，请直接扔给孩子，让他试试"翻书"，锻炼一下精细动作。

礼物五：简单的方块积木

如果你在宝宝一岁左右带他前往医院的儿童保健科进行体检，

医生会拿出几块积木，一块块摞起来，然后让宝宝试着做。我们把它叫作"手眼协调能力"的检查。这个阶段的宝宝已经具有了一定的平衡能力、空间感、运动能力，以及做一些精细运动的能力。把积木一块块摞起来似乎不再是一件"不可能完成的任务"。在摞积木的同时，宝宝也正是在锻炼这些能力。还不会？没关系，买几块积木回家玩吧。你还可以带着宝宝换着法儿地玩积木。比如拿一只木碗，将积木从碗里拿出来，放回去，拿出来，放回去……这可以锻炼宝宝的动作协调性和动作精细程度。

礼物六：套圈或套塔

将套圈玩具的圈从底座的轴上拿起来，放下去，拿起来，放下去……这种动作看似无聊，却对提升孩子的空间感和协调性有着极大的帮助。不过，即使宝宝做不好，甚至不愿意做，也不要强迫他做。有些孩子就是慢热型的，父母别因为着急而打击了宝宝的积极性。

这些玩具极其容易获取，而且性价比高，最重要的是，它们可以满足这个时段的宝宝发育的基本需求。

父母才是孩子最好的"玩具"

医生有话说

张成强

复旦大学附属妇产科医院新生儿科主治医师

为什么清单里没有那些"高大上"的电子玩具呢？

电子玩具当然可以买，也可以玩，比如小黄鸭就属于电子类，其他那些会唱歌、跳舞，能摆着玩的电子玩具，也能带给孩子不少娱乐性。

但在这个阶段，玩玩具最重要的目的还是让孩子动手。大部分电子玩具仅能够提供"娱乐性"，但是只有能让宝宝动手的玩具，才能真正满足宝宝生长发育的需求。不管怎么样，父母才是孩子最好的"玩具"，不要把陪伴的任务完全交给玩具，而忽视了最重要的亲子陪伴。

喂养

断奶是每个妈妈和宝宝必然要考虑的一个问题。什么时候该断奶？宝宝是否情愿？乳房会不会肿胀？你是不是也因为同样的问题而百思不得其解呢？其实，断奶没有想象中的那么困难，只要选择恰当的时间和方式，就能让宝宝平稳地从母乳喂养过渡到用奶瓶或杯子喝奶。

断奶的时机选择很重要

医生建议，宝宝出生后的头 6 个月只进行母乳喂养，然后母乳搭配固体食物喂养到至少 1 岁。

在国内，大部分妈妈都会选择在宝宝 1 岁左右断奶。但如果条件允许，且宝宝对断奶比较抗拒，1 岁多还继续吃母乳也是可以的。也就是说，选择什么时候断奶并没有固定标准，最容易断奶的时间就是宝宝自己不想吃奶的时候。

具体来说，断奶有以下三个时间点。

通常在出生 6 个月以后，宝宝会开始接触固体食物，这可能会促使宝宝断奶。

有些宝宝 1 岁左右才愿意吃其他东西，这时宝宝通常可以吃很多种类的固定食品了，可能还会用杯子喝东西。

有些宝宝直到蹒跚学步时才愿意断奶，因为此时他们不想一直坐着喝母乳了。

哪些情况下不适合断奶？

◎ **担心宝宝过敏**

宝宝出生后的头 6 个月只进行母乳喂养，这有助于避免或推迟湿疹、牛奶过敏及哮喘的发生。

◎ **宝宝不舒服**

如果孩子正患病或出牙，建议等宝宝状况好转时再考虑断奶。

◎ **家里有重要变动**

开始断奶的时间最好能避开家中的重要变动。比如刚刚搬了家，孩子的看护环境有变化等，都要推迟断奶。

断奶过程要持续多久？

每个妈妈给宝宝断奶的方式都会略有不同，所以断奶过程短则几天，长则数月。断奶是一个过程，不能操之过急，否则不仅宝宝不高兴，妈妈还可能因为无法适应，导致乳房胀痛。

喂奶是你与孩子之间的一项亲密互动。在这段时间，你的内心可能比较复杂，但是只要耐心推进，同时对宝宝多加关爱，就能帮助宝宝平稳地度过断奶期。

断奶方式和禁忌

选择好了断奶的时间，准备充分之后，最佳的断奶方式是什么呢？

◎ **循序渐进**

每天慢慢减少喂奶的时间和次数，如此持续数周或数月，会使得乳汁分泌渐渐减少，而不会引起乳房肿胀不适。如果涨奶，妈妈们可以用冷敷来减轻乳房肿胀感。

◎ **选对喂奶时间点**

宝宝往往对每天的第一次和最后一次哺乳最有兴致，因此，这两个喂奶的时间点可放在最后断，首先断中午的奶。有些妈妈可能选择断宝宝白天的奶水而晚上仍坚持喂奶，这也是可以的。

◎ **选择母乳替代品**

选择合适的配方奶粉：如果宝宝在 1 岁内断奶，可以用强化铁配方奶粉代替母乳，也可以请医生推荐奶粉，但不要让孩子在 1 岁内喝牛奶。

断奶后需要注意什么？

当你成功地断奶之后，宝宝不再需要你的乳汁，这时你的乳房可能还无法在短时间内适应新变化。那么此时的你应该做点儿什么呢？

其实你需要做的很少，只需要给乳房 1~2 年的正常恢复期即可。在这期间，你唯一需要花钱做的就是定期体检。

在这个阶段，你可能还会听到"残奶"的说法，这又是怎么回事呢？

"残奶"是指断奶后储藏在乳管里面的乳汁。"残奶"在乳管里的量微乎其微，且会随着身体细胞的生长逐渐减少，完全不会堵住乳腺管，更不会影响下一次哺乳。

一些不良商家宣称"残奶"是一种毒素，需要及时被排出，其实是完全没有依据的。截至目前，没有任何证据显示残留乳汁会导致乳腺疾病。相反，排"残奶"时的挤乳头动作，会让乳房误以为仍然有泌乳需求而继续产奶，奶量就会不减反增。

断奶后，妈妈饮食要控制

专家有话说

李靓莉

中国首批注册营养师，复旦大学公共卫生学院营养学硕士

断奶后，对于宝宝来说，配方奶粉和母乳的营养成分基本一致，因此断奶后，宝宝的饮食并不需要做特别的改变。

但是，对于妈妈来说，断奶后因为没有生产乳汁这一特殊能量消耗，每日需要的能量跟哺乳时相比大幅减少，应该开始控制饮食，减少每日能量摄入量。如果依旧保持之前的饮食习惯，那等待我们的只能是"大腹便便"。

开始添加"手指食物"

总有爸爸妈妈问：想教宝宝学吃饭，应该怎么做呢？

在宝宝养成自主进食的习惯之前，他可能会因为许多原因拒绝进食，这时你可能会觉得"我做得不好吃"或是"孩子可能出了什么问题"。出于对宝宝健康的担忧，很多父母会比较焦虑，不恰当地采用强迫喂食、道具哄逗等方式，其实这些方式都是错误的。

你只是没找到那个关键点：让宝宝自己吃。培养宝宝的自主进食习惯十分重要，在这个过程中，"手指食物"充当着不可替代的角色。

什么是"手指食物"？

任何可以用手拿起来吃的食物都可以叫作"手指食物"，可以是条状、块状、颗粒状，也可以是蔬菜、水果、面食、肉类。

总之，一切可以让宝宝用手拿来吃的，就是"手指食物"。

"手指食物"有哪些好处？

◎ 让宝宝学吃饭

"手指食物"可以让宝宝用手拿着食物自己吃，以培养宝宝自主进食的意识。

◎ **锻炼精细动作和手眼协调能力**

当宝宝开始自己抓东西吃的时候，他就会思考怎么把手里的东西送到嘴里。

◎ **锻炼咀嚼能力**

对宝宝来说，学习咀嚼是件很重要的事情，"手指食物"的引入可以帮助宝宝更好地学习如何咀嚼。

"手指食物"应何时添加？

鉴于宝宝的发育情况，可以选择以下三个时间点开始。

◎ **刚添加辅食**

这个阶段可以试着把食物放到宝宝面前，让宝宝自己动手戳一戳、捏一捏，亲身感受食物的质地，有助于提高其进餐兴趣。但是不要指望他真的能全吃进嘴里，抱着"就是给你浪费、给你玩"的心态就可以了。

◎ **8 个月左右**

大部分宝宝此时对动手摆弄食物的兴趣明显增加，随着宝宝手—眼—口协调性的发育，把食物送入嘴里会变得越来越容易。

◎ **当宝宝发出"我要自己吃"的信号时**

如抗拒勺子、食欲降低，具体表现为对食物不感兴趣，吃几口就哭闹，会把喂到嘴里的食物吐出来；情绪烦躁，表现为拍桌子，用头撞餐椅，啃椅子，还没吃就哭闹等。

怎么选择"手指食物"？

给宝宝添加"手指食物"也是有讲究的，要综合考虑宝宝的抓握能力、咀嚼能力和吞咽能力。

◎ **一阶段（7～8 月龄）**

这个阶段的宝宝可以开始尝试"手指食物"了。此时适合吃好抓、软烂、方便吞咽的食物。由于这个阶段的宝宝多是用小拳头一把抓起食物的，所以你可以把食物切成片状、条状，便于宝宝抓取，比如（1）软质水果：牛油果、香蕉片等；（2）蒸软的蔬菜：南瓜条、土豆条、冬瓜条、山药条等。

◎ **二阶段（9～10 月龄）**

这个阶段的宝宝，咀嚼能力慢慢提高，小手也慢慢地张开，能用手指捏东西了。这时，可以给宝宝吃一些稍有嚼劲，也更适合运用手指的颗粒状、块状的食物。比如（1）软质水果：苹果片/块（觉得太硬可以煮熟）、杧果块、熟桃肉块、熟草莓等；（2）蒸熟的蔬菜：胡萝卜块、莴笋块、香菇块等；（3）熟的其他食物：鸡蛋块、三文鱼块、馒头片、面包片、豆腐干等；（4）市售"手指食物"：磨牙饼干、泡芙、小溶豆等。在选择时，注意选择低糖或无糖的食物。

◎ 三阶段（11～12月龄）

等到第三阶段，宝宝的咀嚼能力更强了，就可以考虑挑战比较难嚼的肉类和混合类"手指食物"了。比如（1）煮熟的肉：煮熟的鸡肉丝、牛肉粒、虾仁、猪肉粒等；（2）混合食物：馄饨/饺子（切小块）、软饭、饭团、鸡蛋饼等。

不过，丁香妈妈还是要提醒父母，在给宝宝吃新的"手指食物"前，记得一定要先让宝宝少量尝试，不过敏才行。

另外，每个宝宝都是独一无二的，发育情况不太一样，上文提到的不同阶段的月龄仅做参考，自家宝宝具体什么时候加哪一种"手指食物"，需要父母多多观察，再做判断。

有了"手指食物"还要喂饭吗？

到1.5～2岁，宝宝才能独立吃完一餐。在这之前，宝宝自己吃饭时会把周边弄得一片狼藉，所以爸爸妈妈还是需要辅助宝宝吃饭的。尤其是对于一些精细动作发育较晚的宝宝，手—眼—口协调能力也会弱一些，靠自己吃可能吃不饱。

从宝宝会走路开始，爸爸妈妈就要面对一个令人头痛且无法避免的问题——吃饭了。一旦宝宝学会了走路，每天颠来颠去，不好好吃饭，这可能会让你很愁苦。那应该怎么培养宝宝吃饭的习惯呢？

8 个月开始让宝宝自己吃饭

大多数宝宝在 8 个月大时能抓起食物往嘴巴里送，同时也开始抢你吃饭时用的勺子，并试着模仿你用勺子吃饭。这些行为都预示着宝宝能够自己吃饭了，可以开始培养他的吃饭习惯了。

宝宝刚开始学吃饭时，总会把桌子、地面及自己搞得一片狼藉，所以有的爸爸妈妈采取了他们认为更干净、更高效的方式：喂饭。

喂饭确实可以给爸爸妈妈省去很多麻烦，但时间久了，就会让宝宝养成"饭来张口"的习惯，对自己吃饭失去兴趣。另外，如果喂饭太多，有可能还会导致宝宝讨厌吃饭。

所以，与其说"让宝宝学会自己吃饭"，不如说"让爸爸妈妈学会放手"。

宝宝不吃饭怎么办？

很多爸爸妈妈总是因宝宝不爱吃饭而苦恼，每次吃饭都像打一场仗。面对不吃饭的宝宝，我们应该做些什么呢？

你先要做的是找到宝宝不吃饭的原因，可以使用排除法。

如果宝宝一吃饭就哭闹，你就需要先检查宝宝是不是生病了。缺乏微量元素、患口腔溃疡、患肠胃疾病等问题都会导致宝宝食欲骤减，吃饭哭闹。所以，你先要判断宝宝的身体是否存在异常，如果有疑问，就先去看医生。

如果宝宝的身体没有问题，那么宝宝是否偏食？是否平时吃水果和零食的量太多？家里的吃饭环境是否不太好？只有找准原因，才能对症下药。

对于如何更好地让宝宝自己吃饭，你可以试试以下几个小技巧。

（1）必要时给宝宝喂食：刚开始还不熟练的时候，宝宝可能没办法把自己喂饱，那么家长还是有必要在一边给宝宝喂食的。

（2）准备好适合的食物和餐具：比如给宝宝准备大小合适的食物，采用吸盘餐具。对于大一点儿的孩子，可以让他们自己选择自己喜欢的餐具。

（3）不强迫宝宝：相信宝宝的自我调控能力，一般孩子都会知道自己想吃什么、要吃多少，宝宝不想再吃了就不要强求。

（4）创造良好的进餐氛围：可以和宝宝一起吃饭或者让孩子参加家庭聚餐，让孩子愉快用餐；可以和朋友家的孩子一起吃饭，但一定不要相互比较，打击孩子的信心，当宝宝有所进步的时候要适当地表扬和奖励。

（5）养成良好的进餐规律和进餐习惯：让宝宝坐在固定的餐椅上就餐，避免电视、手机、玩具等打扰。吃每顿饭的时间不要超过20分钟，如果到时间还没吃完，就可以收起餐具和食物。

（6）吃饭前，在地板、桌面、衣服等位置铺好报纸或餐垫，戴好围嘴，减少打扫的麻烦。

如果在你精心做好上述准备后，孩子在吃饭上还是有明显异常，比如10个月大了还不能顺利地抓起食物放进嘴里，有严重的食欲下降、明显的异食癖等问题，建议及时就医。

最后，宝宝的胃口小不等于不好好吃饭，狼吞虎咽也并不是好好吃饭的唯一标准，什么都爱吃也不一定叫"乖巧"。无论是从吃饭习惯还是从营养层面去考量，只有保证规律用餐、荤素搭配、主食辅食科学配比，根据宝宝自身的实际胃口去考量，才叫好好吃饭。

睡眠

睡眠特征：可以睡整觉了

此阶段宝宝的睡眠完全转变为成人的睡眠规律。

相信这个时期的宝宝已经能让你安心地睡上一整晚了，你是不是感觉苦尽甘来了呢？没错，宝宝 7 个月左右时，睡眠就会完全转变为成人睡眠模式。

宝宝在 9 个月大以前，总睡眠量在 14～15 个小时，其中白天 2.5～4 个小时，夜间 10～12 个小时，白天每次清醒时间为 2.5～3 个小时。而 9 个月大以后，总体的睡眠量是 13～14 个小时，白天 2.5～3 个小时，夜间 11～12 个小时，白天每次清醒时间为 3～3.5 个小时。

7～9 月龄，宝宝的黄昏觉会逐渐消失。如果宝宝午睡睡得比较久，也可以人为提前去掉黄昏觉。

然而，在宝宝开始出牙、学习爬行和站立期间，会出现短期的入睡困难现象，比如白天经常小睡短、频繁夜醒等，这就是所谓的"睡眠倒退期"。不过这种倒退只是暂时性的，你可以给自己和孩子 7～10 天，坚定地去实行孩子之前的睡眠计划，一般过不了多久，"睡眠倒退期"就不存在了。

稳固已经成型的作息表

此时的宝宝已经和你的睡眠规律基本一致了，他可以和你同时入睡、同时起床。那么在这段时间，你要做些什么呢？很简单，把几个月前为宝宝定的作息表做进一步完善，并坚持下去。

白天继续按照清醒时间来给宝宝安排小睡，每次小睡仍然控制在 3 个小时内。喂奶间隔保持 4 个小时不变，辅食的时间安排可以结合喂奶时间。白天安排 2 次外出散步，每次至少 1 个小时。当宝宝的黄昏觉消失后，可以安排晚上提早半个小时入睡。

在这个阶段，丁香妈妈依旧为你准备了一份作息表，以供你参考。

5:00 / 6:00	喂奶	12:00	喂奶
7:00	起床	13:30—15:30	小睡
8:00	辅食	16:00	辅食＋奶
9:30—10:30	小睡	18:30	喂奶
10:30	点心水果	19:00	夜间入睡

从这份作息表中可以看出：

（1）随着辅食量的增加，宝宝的吃奶次数会减少为3次。

（2）黄昏觉不需要睡了，只需要安排上午和下午各一次小睡就可以。

（3）夜晚入睡时间依然固定在7～8点。

另外，注意一点，不可以因为月龄增加就推迟夜晚入睡时间，因为这个阶段只是白天的睡眠需求量下降，夜晚的睡眠需求量依然存在。

6

疾病护理

01 黄疸

在第二部分的"婴儿外观观察"中，我们已经知道，新生儿黄疸是一种很常见的现象，大部分宝宝在出生后的第一周，都会遇上黄疸。

新生儿黄疸主要是由宝宝体内胆红素水平升高引起的。之所以会出现这种情况，是因为新生儿宝宝的胆红素生成量是成人的2～3倍，但他们的代谢能力较低。这样一来，产得多，排得少，宝宝体内的胆红素水平就超标了。

大多数黄疸都属于生理性黄疸，是可以自行消退的。生理性黄疸一般出现在宝宝出生2～3天后，于3～5天后发黄加重。出生后5～7天，宝宝通过排便，把胆红素排出体外，情况会开始好转。出生后14天左右，生理性黄疸就会逐渐褪去。早产儿的黄疸持续时间会长一点儿，一般持续3～4周，甚至更久。

由母乳喂养的宝宝，有可能会得母乳性黄疸。母乳性黄疸主要分为两种。一种是由母乳喂养不足导致的黄疸，这种黄疸一般在宝宝出生后的第 1 周内发生，原因是早期母乳喂养不足，导致宝宝无法及时排出胆红素；另外一种就是一般意义上的母乳性黄疸，目前推测其与母乳中的一些酶物质有关，导致吃母乳的宝宝的黄疸消退更慢，往往会持续 3～12 周。

在家护理

如果宝宝出现黄疸，我们可以先用肉眼初步判断宝宝黄疸的程度，有必要的时候，及时找医生评估宝宝的胆红素水平。

黄疸早期往往出现在宝宝的头面部。如果只有这些地方看到皮肤发黄，这时候宝宝的胆红素水平大概是 5～6mg/dL，可以继续观察。

然后，黄疸开始波及宝宝的躯干、四肢，这时胆红素水平约为 10mg/dL。如果宝宝出生后不到 3 天，就发生躯干、四肢发黄的现象，你也要重视。

最后是宝宝的手心、脚心发黄，如果到这个程度，就需要尽快看医生，抽血化验宝宝的胆红素水平了。

如果宝宝是生理性黄疸，那你不用太担心，一般在家护理就好了。

总的来说，让宝宝尽早退黄的小秘诀就是一句话——多多哺乳，多吃多拉。一方面，我们要积极喂养，保证宝宝每天吃饱喝足，吃饱了自然就拉得多了。另一方面，我们要关注宝宝的大便情况，尽量保证出生1周内的宝宝每天都有大便。如果没有排便，可以用棉签蘸食用润滑油从肛门涂进去。如果看到棉签头已经粘上大便了，重复做3次，不一会儿，宝宝就能排便了。

就医原则

如果宝宝出现以下三种情况之一时，建议你一定要及时带着宝宝就医，排查病理黄疸的可能。

（1）黄疸在出生后3天内提早出现，例如出生后24个小时内就出现。

（2）黄疸程度加深，手心、脚心都出现发黄的情况。

（3）黄疸消退时间晚（2周以上），虽然早产儿和母乳性黄疸也会迟迟不退，但考虑到有的宝宝是病理性的原因导致黄疸迟迟不退，所以还是建议你带着宝宝看医生。

黄疸治疗

李 昕

福建省泉州市第一医院儿科主治医师

医院里治疗黄疸，有这样两种方法：

- 蓝光照射
- 换血疗法

除此以外，不推荐口服中成药、使用茵栀黄注射液、晒太阳、洗药浴、多喝糖水等方法。丁香妈妈尤其要提醒你，茵栀黄注射液已经被国家食品药品监督管理总局明令禁止用在 3 岁以内的宝宝身上了。

02 尿布疹

对于尿不湿，相信每个父母都不陌生。有了宝宝后，每逢大型促销活动，还要囤上不少。不过，在给宝宝换尿不湿的时候，你可能会发现，宝宝的屁股变得红红的，特别是在尿不湿包裹的皮肤区域。这个时候你就要警惕，宝宝是不是得尿布疹了。

尿布疹，也就是"红屁股"，是一种常见的新生儿疾病。不过，也有不少宝宝快一岁了，仍然在和"红屁股"做斗争。

那为什么会出现"红屁股"呢？

这主要是因为宝宝的肌肤娇嫩，皮脂腺也发育不完善，屏障功能比较弱。当你没有及时更换尿不湿时，宝宝屁股的皮肤被尿液或者"便便"一直刺激着，在摩擦下，很容易造成皮肤损伤，出现一块块红斑或者一粒粒小疹子。

在家护理

处理宝宝的"红屁股"是新手父母的**必备技能**。对于轻度的"红屁股",你完全不用慌张,即便不用药物,只要科学护理,宝宝就会自愈。尿布疹护理其实也很简单,你只需要做到下面两点就行了。

第一,及时更换尿不湿,保证宝宝屁股的干爽。

如果你想要预防或者缓解宝宝的"红屁股",最简单的方法就是勤换尿不湿,减少尿液和"便便"刺激宝宝屁股的时间。

在宝宝"便便"后,你可以用水清洗宝宝的屁股,并用柔软的棉布擦干或者轻轻拍干,等皮肤完全干爽后再穿尿不湿。

穿好尿不湿后,你还要看看尿不湿里面是不是仍有空气流通。

第二,涂抹护臀霜,进一步保护宝宝的受损皮肤。

如果宝宝屁股的皮肤已经有了轻微红损,你也不必慌张。在更换尿不湿的时候,你可以给宝宝抹一些护臀霜,以凡士林、氧化锌为主要成分的护臀霜都可以。

你可以扫码观看下面这段预防宝宝尿布疹的小视频。

丁香妈妈小课堂：
预防尿布疹

就医原则

其实，在父母的用心照顾下，宝宝轻度的"红屁股"症状通常在3天内就会有明显好转。如果超过3天，宝宝"红屁股"的情况还是很严重，甚至有破皮渗水的倾向，你就要担心是不是有其他皮肤问题了。如果宝宝还有烦躁、哭闹的情况，尤其是在更换尿不湿时，那么请宝爸宝妈不要犹豫，赶紧带宝宝上医院，请皮肤科医生帮忙吧！

宝宝"红屁股",可以用爽身粉吗?

隋 静

北京大学第三医院儿科副主任医师

不建议用爽身粉。

因为爽身粉不仅不能预防尿布疹,而且与尿液或汗水混合后还会阻塞毛孔,使宝宝的尿布疹加重。

03 腹泻

对于宝宝拉肚子，也就是腹泻，你肯定不陌生。从小到大，我们自己就有不少腹泻的经历。腹泻也是造成宝宝营养不良、阻碍宝宝生长发育的重要原因。

判断宝宝是否腹泻，主要是看宝宝大便的性状和次数是否突变。如果原本好好的大便突然变稀，宝宝排便次数变多，持续一周都没有好转；不满 6 个月的婴儿拉稀导致体重增长缓慢；"便便"黏糊糊的或带着脓血……很可能就是宝宝开始腹泻了。

那宝宝为什么会腹泻呢？主要原因有以下几种。

（1）病毒感染。

（2）辅食添加不恰当。

（3）乳糖不耐受。

其中，病毒感染是自限性疾病，经过自然病程后，宝宝会自愈。至于辅食和宝宝乳糖不耐受的问题，需要你及时发现并做出相应措施。否则当腹泻导致脱水时，会对宝宝的生命造成威胁，所以务必重视。

在家护理

护理宝宝腹泻的第一原则是预防或治疗脱水，如果宝宝已经因为腹泻出现了嗜睡昏迷的情况，那很有可能是重度脱水了，这时候应该及时就医。

对于精神状态稍差、萎靡或烦躁的宝宝，建议优先补充口服补液盐Ⅲ溶液，间断补充，保持尿量。

口服补液盐的用法如下。

◎ **计算用量**

①如果宝宝的精神状态不错，你就需要预防宝宝进一步脱水。你可以根据宝宝的年龄来给药：建议在每次稀便后补充一定量的液体。6 个月内的宝宝，每次用量为 50ml；6 个月～2 岁，每次用量为 100ml；2 岁～10 岁，每次用量为 150ml；大于 10 岁，能喝多少就喝多少，直到腹泻停止。

②如果宝宝有烦躁的表现，并伴有眼睛凹陷、皮肤弹性变差、尿量减少等轻至中度的脱水现象，就要根据体重给药：每 kg 体重需要 50～75ml 的口服补液盐，即用量（ml）= 体重（kg）×（50～75）。

喝完补液盐 4 个小时后，如果宝宝仍在腹泻，那建议你及时带宝宝去看医生，在医生的指导下，重新评估宝宝的脱水情况，给宝宝制订适当的补水方案。

◎ **温水调服**

宝爸宝妈要严格按照说明书中标注的比例来混合补液盐和水。切记不要用奶（包括母乳、配方奶、牛奶）、果汁或者其他饮料来配补液盐，也不要往补液中加入额外的糖和盐。

◎ **喂娃口服**

补液的时候不要急于求成，每两三分钟给宝宝喂一次，一次一小口，大概 10ml 就可以了。如果宝宝还不会用杯子，可以用小勺或者奶瓶喂。

此外，持续腹泻可能会对宝宝的肛门和周围皮肤造成损伤，爸爸妈妈应该细心护理宝宝的屁股，注意卫生清洁。

就医原则

宝宝腹泻时，你要时刻注意宝宝状态的变化，尤其注意以下5种情况，一旦发生，务必及时就医。

（1）精神状态很不好，常犯困。

（2）出现缺水的表现：大便量多，小便次数减少，眼窝凹陷，哭的时候眼泪减少等。

（3）出现轻度休克的表现：手脚发冷、皮肤发花等。

（4）有血便、脓血便或腹痛的现象，且伴有剧烈呕吐或抽搐等严重症状（小婴儿表现为哭闹、烦躁、难哄）。

（5）高烧不退。

腹泻的误区

医生有话说

王秋华

丁香诊所儿科医生

相信通过前面的阅读，你已经知道了关于宝宝腹泻的一些常识。这里，我想再补充说一下两个常见的误区。

● 误区一：给腹泻宝宝禁食或喝白粥

不少父母会给腹泻的宝宝禁食，或者只给宝宝喝白粥。这样其实是不对的。长期限制宝宝的饮食，可能加重宝宝脱水、低血糖、电解质紊乱等情况。除了过于油腻的食物、甜食和之前没有吃过的食物，其他食物都可以吃，你可以煮的软烂好消化一些，宝宝胃口差的话可以少食多餐，并不需要过于限制宝宝的饮食。

● 误区二：拉肚子就要吃抗生素

常见的急性腹泻，大多数在 2 周左右就能自愈。只有极少数病情特殊的宝宝，才需要使用抗生素治疗。滥用抗生素可能会破坏肠道内的菌群平衡，导致腹泻不止。

04　鹅口疮

宝宝出生后，你可能会发现，宝宝的嘴里时不时地会出现一些白色的斑块。很多长辈会告诉你，这是奶渣，通乳就好了。确实，如果你用棉签稍稍擦拭，白色的斑块就消失了，那这十有八九就是奶渣了。

可是有的时候，你怎么擦都擦不掉，一用力可能还擦出血，这时候你就要考虑宝宝是不是得鹅口疮了。

鹅口疮，又叫雪口病，是一种由真菌感染导致的疾病，常见于新生儿期。患病的宝宝的舌面、两颊、上腭、唇内黏膜等处，会出现点状或片状的白色斑点，非常像我们常见到的奶渣。

不过你也不用太担心，大部分宝宝的鹅口疮都非常轻微，宝宝并不会感受到疼痛或其他不适，也不会影响进食。

在家护理

◎ 外涂药物

如果宝宝只是轻微的鹅口疮，你可以将制霉菌素片碾成粉，混合甘油或者食用油配置成溶液。一般一片药是 50 单位，需要用 5ml 的甘油或者食用油溶解。

你可以在宝宝吃完奶或者吃完饭后，给宝宝涂抹。注意涂抹时不要擦拭宝宝口里的白斑。

对于一般的新生儿，每天涂抹 4 次，每次 1ml。1~12 个月大的宝宝，每天 4 次，每次 2ml，持续涂抹 10~12 天，以防鹅口疮卷土重来。

同时，涂抹后要记得把自己配置的制霉菌素溶液放到冰箱冷藏保存。

◎ 饮食照常，做好奶具的清洁消毒

对于饮食，如果宝宝没有任何不适，你就不用做任何调整。如果宝宝已经开始吃辅食，也不需要刻意给宝宝喂流食。如果宝宝拒绝进食，那你可以给宝宝吃一些凉且软糯的食物，或者直接喂一些流食，比如肉粥、米糊、蔬菜泥都是不错的选择。另外，你还需要给宝宝的小嘴常接触的物品和部位消毒，比如玩具、安抚奶嘴、奶瓶、妈妈的乳房等。玩具、安抚奶嘴、奶瓶等能煮的，直接煮完晾

干就可以了。关于妈妈乳房的消毒，则可以在喂奶后用浓度为2%
左右的碳酸氢钠溶液局部清洗和擦拭，至于妈妈的内衣，也应该高
温烫洗消毒。

就医原则

如果宝宝出现拒绝进食、鹅口疮向咽喉甚至气管蔓延等情况，
使用制霉菌素2周后仍不见好，建议你及时就医。

这个时候，你可以观察到以下几种情况。

（1）宝宝嘴里的白斑越来越多，口腔黏膜大部分或者全部被白
斑覆盖。

（2）宝宝拒绝进食，反复哭闹，吞咽困难，皮肤和嘴唇发紫，
有声音听起来类似"空""空""空"的咳嗽等不适。

（3）伴随发热或是口角炎等并发症。

宝宝得了鹅口疮，要用消毒剂给奶具消毒吗？

医生有话说

徐 莹
天津和睦家医院儿科主治医师

不需要。

引起鹅口疮的白色念珠菌最大的特点就是不耐高温，所以得了鹅口疮后，用高温消毒的方式给宝宝的奶具消毒就足够了。

05 蚊虫叮咬

夏天来临时，蚊虫们开始蠢蠢欲动。趁着父母不注意、打个盹的功夫，蚊子就能在宝宝胖乎乎的小手或小脚上叮起一个大包，痒得孩子白天发脾气，晚上睡不好。宝宝不舒服，父母自然也不能安心。

那么，为什么小宝宝这么招蚊子喜欢？这主要是因为宝宝的新陈代谢快，体温比成年人高。另外，宝宝夏天稍微一动弹就会满身汗。这些都完美契合了蚊子的喜好。

在世界大部分地区，蚊子肆虐都是很严重的公共卫生问题，其可传染的疾病达 80 余种。所以，关于宝宝的防蚊驱蚊，父母可千万不能马虎！

在家护理

那么，如何有效地帮宝宝避免蚊子叮咬呢？

◎ **驱蚊**

你可以将含有避蚊胺或埃卡瑞丁的驱蚊液涂在宝宝身上。外涂的时候，注意要避开眼睛、耳朵、嘴巴和伤口附近，也不要涂在宝宝的手上，以免宝宝吮吸手指的时候吃进去。

另外，还有两点需要你注意：①不足 2 个月的宝宝，不建议外涂驱蚊液；②使用含有埃卡瑞丁的产品时，成分浓度不要超过 20%；使用含有避蚊胺成分的驱蚊剂时，浓度不要超过 30%。

◎ **防蚊**

保持家居及周边环境卫生是防蚊的最基本方法。此外，你也可以通过蚊帐、纱窗、驱蚊液、电蚊香等来防止蚊虫叮咬。如果要用电蚊香，记得把电蚊香的位置放得离宝宝远一点儿。另外，宝爸宝妈最好给宝宝穿浅色的长衣、长裤，让蚊子无处下口。

◎ **止痒**

如果宝宝已经被蚊子叮咬，你可以用炉甘石洗剂来减缓瘙痒。每次涂抹前，记得先用温水轻轻擦一擦宝宝的皮肤，保证炉甘石洗剂和皮肤可以直接接触，这样才能达到效果。不过，有两点需要你注意：①宝宝的皮肤破损处不要涂；②不要使用含薄荷脑成分的炉甘石洗剂。

具体如何操作，你也可以扫码观看丁香妈妈的昆虫叮咬护理小视频，赶快扫码观看吧！

就医原则

如果被叮咬后，宝宝的蚊子包面积很大，痒得厉害，可以咨询医生。

蚊虫叮咬不要做的事

医生有话说

郑冰洁

上海市儿童医院皮肤科医生，北京协和医学院医学博士

● 驱蚊液中的禁忌成分

市面上各类驱蚊液的成分各不相同，有一些产品的成分对成人确实有效，但对宝宝有害。你在给宝宝挑选驱蚊液的时候，记得仔细看看成分表，如果含有下面这些成分，记得不要给宝宝使用。

①柠檬桉叶油等植物精油类

3 岁以下禁用。这些植物成分确实有驱蚊效果，但是存在不确定的致敏源和毒性，因此并不适合给宝宝使用。

②薄荷脑、樟脑

不建议给 2 岁以内的孩子使用。这两种成分具有神经毒性，常见于花露水、风油精、清凉油等产品。

● "植物驱蚊"不靠谱!

我们经常可以在网络上看到这样的话：蚊子不喜欢橘子皮、薄荷、茴香、丁香、薰衣草、尤加利、香茅、天竺葵、百里香等植物的气味。事实上，这些植物并不驱蚊。它们虽然含有蚊子不喜欢的化学成分，会有独特的气味，但是这些成分释放到空气中的浓度，远远达不到驱蚊的功效。同样地，那些塞了各种药草的"纯天然驱蚊香包"，虽然"闻上去不错"，实质上并没有什么驱蚊效果。

06　湿疹

冬天到了，天干物燥，又到了娇嫩的宝宝们湿疹高发的季节了。

湿疹多在5岁以内的宝宝身上高发。发病最初的表现只是皮肤发红、干燥，严重后就会渗出液体。

宝宝为什么会得湿疹呢？

引起湿疹的常见原因主要有两个：一是遗传，比如家族中有患哮喘、过敏性鼻炎、湿疹等过敏性疾病的人；二是过敏，小宝宝的自身免疫系统不成熟，自身皮肤屏障发育不够完善，容易产生皮肤问题。

在家护理

宝宝得了湿疹以后，很多宝爸宝妈会寻找避免湿疹反复的办法，但事实上，没有任何一种药物能让湿疹不再反复。宝宝出现湿疹，重要的是做好"保湿护理"。

那么，具体应该怎么做呢?

◎ **创造适宜的环境**

做好宝宝的防晒工作，保持室内湿度在50%～60%、温度为22～25℃。同时要避免宝宝出汗，减少对湿疹的刺激。另外，大人在家里不要抽烟。

◎ **选择合适的衣物**

给宝宝穿薄厚适宜的纯棉衣物，减少衣服摩擦对皮肤的刺激。

◎ **优化洗衣方法**

使用标有"婴幼儿内衣专用"或其他柔和的洗涤产品，增加清水漂洗次数，减少洗涤剂的残留。

◎ **饮食营养均衡**

不偏食，但避免海鲜、辛辣食物的刺激。除此以外，你只要给宝宝正常添加辅食，合理膳食，均衡营养就可以了。

◎ **采取合适的洗澡方式**

用36～38℃的温水，每2～3日洗一次，且每次盆浴的时间控制在 5～10 分钟。洗完澡后，用干净的浴巾把宝宝全身拍干、蘸干，切记不要擦干。拍干后立即给宝宝涂抹保湿霜。

◎ **选择专用的沐浴产品、护肤品**

选择标着"婴儿适用"的沐浴产品，弱酸性、无香精色素的产品是最好的。避免使用香皂、肥皂，避免泡泡浴。选择保湿霜时，也要选择不含有香精、防腐剂等致敏化学成分的产品。每天给宝宝涂抹 3～5 次保湿霜，保持皮肤湿润。

另外，湿疹分轻、中、重三种程度，程度不同，治疗方法也有差别，你要学会辨别宝宝得湿疹的程度，进而采取对应的措施。

（1）轻度湿疹表现为散发的小红斑或小红包，做好上述的基本
　　 日常护理通常就能自愈。
（2）中度以上的湿疹会出现红斑群集、渗液、化脓等严重症状，
　　 建议你带宝宝及时就医。

就医原则

一般情况下，在家做好护理，积极地擦药膏就可以治愈湿疹。不过，如果宝宝身上有以下两种情况，建议你及时就医。

第一种情况在上文已经提到了。如果宝宝患湿疹的皮肤上出现

了渗液、白色的脓包，甚至已经出现结痂，就说明宝宝已经感染了。这个时候应该尽快就医，针对感染进行治疗。

第二种情况，如果宝宝出疹子很厉害，并且你已经给宝宝做了仔细的护理，却始终没有好转，甚至有加重的情况，也需要及时就医。

湿疹的四个常见误区

余 佳

卓正医疗皮肤科医生，陆军军医大学西南医院原主治医师

● **误区一：湿疹是因为皮肤太湿**

恰恰相反，湿疹的产生是因为宝宝的皮肤干燥，湿疹皮肤最怕干和热。治疗任何类型的湿疹，保湿是第一步。

● **误区二：激素药物对孩子有害，不能用**

激素不仅能用，它还是中、重度湿疹的首选药物，请谨遵医嘱，并定期检查。

● **误区三：湿疹是可以根治的**

目前没有任何一种药物能够根治湿疹，千万不要轻信网上的偏方。

● **误区四：湿疹宝宝要忌口**

临床证据表明，食物过敏是一个普遍存在的问题，回避这些引起过敏的食物，并不能完全有效地预防婴儿湿疹的发生，只有全身大面积湿疹发作的宝宝才需要考虑食物过敏的原因。

07 食物过敏

很多父母在给宝宝添加辅食的时候，都会接触一个词组："食物过敏"。

儿童是食物过敏高发人群，尤其是 2 岁以内的婴幼儿。那么，为什么小宝宝们如此容易对食物过敏呢？这主要是宝宝免疫系统不成熟、食物成分太复杂引起的。

宝宝第一次吃某种辅食后，你一定要仔细观察，如果宝宝出现了皮肤瘙痒、恶心呕吐、口唇红肿、舌头溃烂、眼睛充血，以及打喷嚏、流鼻涕等症状，且排除了感冒、家庭环境变化等其他因素，那可能就是发生了食物过敏。

在家护理

目前还没有能完全预防食物过敏的方法，但你可以通过以下 4 点来降低宝宝食物过敏的概率。

（1）母乳喂养。

（2）适时添加辅食。给宝宝添加辅食，不要早于 4 个月，并且多种辅食要分开添加，逐渐加量，试探性添加。如果宝宝一直拒绝某种食物，也要考虑食物过敏的可能。

（3）把食物煮熟、煮透。

（4）在宝宝两周岁前，爸爸妈妈要写好食物日记。

就医原则

一旦宝宝对某种食物过敏，必须立即停止喂养该种食物，然后及时就医。医生确诊宝宝发生了食物过敏后，会根据宝宝症状的严重程度和身体损害程度进行对症治疗。另外，你还需要对轻微过敏的宝宝进行定期重新评估，根据评估结果判断是否需要继续回避该食物。

　　这里要提醒你的是：不能单凭过敏原检查结果，自行断定宝宝的食物过敏情况。一般过敏原检查结果的阴性或者阳性仅供参考，需交由医生综合判断决定。

　　最后，奶、奶制品、蛋类、贝类、鱼类、大豆、花生、坚果和小麦都是常见的过敏食物，在添加上述辅食前务必小心。

配方奶过敏，要换奶粉品牌吗？

曾小丽

重庆市人民医院过敏反应科主治医师

不需要。

实际上，如果宝宝对牛奶蛋白过敏，更换其他品牌的配方粉并不能解决问题，用羊奶、豆蛋白之类的替代品也不能有效解决问题。最好的方法还是在医生的指导下，坚持母乳喂养，或者替换为深度水解蛋白配方或者氨基酸配方奶粉。

08 胃肠胀气

不知道你在给宝宝喂奶的时候，有没有发现，宝宝在吃奶之后，经常会莫名其妙地哼哼唧唧，面色胀红，哭闹不停。这个时候，宝宝可能是胃肠胀气了。

宝宝胃肠胀气是很常见的。大部分宝宝会在出生后 1 个月左右出现较为严重的胃肠胀气现象，出生 2 个月之后会缓解。在极少数情况下，宝宝的胃肠胀气要到出生之后 4 个月才能缓解。胃肠胀气偶尔会导致肠绞痛，这是宝宝半夜无缘无故地大哭大闹的直接原因。

一般情况下，胃肠胀气是由宝宝消化系统发育不成熟、吞咽空气过多、碳水化合物消化不良等引起的。这一类胃肠胀气不是病，不需要药物治疗，你只要想办法缓解宝宝不舒服的感觉就行了。

但是有一些胃肠胀气是由消化系统疾病或者肠道过敏引起的。当宝宝存在消化系统疾病或肠道过敏时，通常还会伴有发热、腹泻、呕吐等其他症状。如果遇到这种情况，建议你及时带宝宝上医院就诊。

◎ **怎么判断宝宝胃肠胀气了？**

不足 3 个月的宝宝如果出现哭闹不安、蹬腿、面色胀红等症状，很可能就是胃肠胀气了。出生 3 个月之后，宝宝胃肠胀气经常表现为屁多、哭闹、要家长抱等。如果宝宝已经会说话了，说自己肚子难受，同时出现屁多、打嗝的症状，大部分也是因为胃肠胀气。

在家护理

那么，有什么办法可以预防或者缓解宝宝的胃肠胀气呢？丁香妈妈提供这样三个小妙招。

◎ **第一招，正确冲泡奶粉**

宝爸宝妈在给宝宝冲泡奶粉时，尽量不要摇晃，要等奶粉慢慢溶解。如果摇晃了，记得将奶瓶先静置一会儿，这样可以避免奶瓶里混入空气。

◎ **第二招，慢点儿喂奶，多拍嗝**

不要等宝宝很饿的时候再喂奶。喂的时候不要让宝宝吃得太急，避免吸入过多空气。如果是瓶喂，需要注意奶嘴的孔不要太大。你也可以选择带有特殊功效的奶瓶，比如带排气孔的奶瓶、弯角奶瓶，或者一次性的免洗折叠奶瓶。不管是在喂奶过程中还是喂完后，都可以竖着抱宝宝，给他拍拍嗝。

◎ **第三招，给宝宝做排气操**

你可以让宝宝仰面躺在床上，抓着宝宝的腿做自行车运动，也可以在宝宝喝过奶后让宝宝趴一会儿。这样不仅可以帮助宝宝排出肚子里的气体，还能锻炼宝宝小手的力量。

就医原则

一般情况下，胃肠胀气是宝宝生长发育过程中的正常现象。随着宝宝逐渐长大，胃肠胀气会慢慢减少，你不用太担心。但如果宝宝一直哭闹不止，父母很难安抚宝宝的时候，就需要带宝宝上医院，请医生检查一下是不是其他原因导致的。

拍嗝很重要

马学梅

北部战区总医院儿科副主任医师

宝宝吃完奶睡着了，要叫醒吗？还要拍嗝吗？

小月龄的宝宝在吃奶时经常会睡着。在宝宝吮吸速度明显放慢但并未完全睡着之前，可进行拍嗝。如果等到宝宝完全睡着，就没那么容易拍了。

拍嗝的手法特别重要。给宝宝拍嗝的时候，最好五指并拢，使掌心内凹成一个中空结构，从下往上连续快速地轻拍孩子的后背。切记，不要伸直了手指去拍宝宝的后背，这样会使宝宝受力很重，且容易伤及宝宝的内脏。你也可以从上往下慢慢轻抚宝宝，不一定非要拍嗝。

如果看了上面的文字，你还是不太明白怎么给宝宝拍嗝，那就扫描下方二维码直接观看如何拍嗝的操作视频吧！

丁香妈妈小课堂：
宝宝奶后该怎么拍嗝

09 毛细支气管炎

冬天和春天气温较低，是感冒的高发季节。如果你发现宝宝有了感冒症状，同时伴有咳嗽，喘气时也呼哧呼哧的，那么宝宝很可能得了毛细支气管炎。

毛细支气管炎是一种较常见的下呼吸道疾病，大多数是病毒感染导致的，是一种自愈性疾病。

患毛细支气管炎起初的症状跟感冒比较像，表现为鼻塞、流鼻涕、咳嗽、发烧等。但2～3天后就会出现咳嗽加重、呼吸异常，表现出又浅又快、喘息憋气的症状。到第3～5天时，症状最为严重。但病情高峰过后便会进入好转期，症状逐渐消退。一般而言，毛细支气管炎2周后即可痊愈，但也有一部分症状可能需要3～4周才能完全消退。

由于是病毒引起的疾病，所以毛细支气管炎是会传染的！你要时刻给宝宝做好防感染措施，让宝宝远离疾病。

在家护理

毛细支气管炎症状较多，会让宝宝很不舒服，那应该怎么缓解症状，让宝宝舒服一点儿呢？

（1）用生理盐水（或生理性海水）滴鼻剂或喷鼻剂，或用吸鼻器，清理宝宝鼻腔，这样可以缓解宝宝鼻塞的症状。

（2）适当使用空气加湿器，使室内湿度保持在40%～60%。

（3）保证宝宝喝足够的水，避免脱水。

（4）保证足够的能量供应，正常喂养或者少食多餐，避免宝宝呛奶。

（5）宝宝鼻塞、咳嗽明显时，竖抱、拍背也可以使他舒服一些。

就医原则

虽然毛细支气管炎的多数症状都可以自然好转，但也会有个别例外。如果你发现宝宝出现下面这些症状，就要及时带宝宝去看医生。

（1）呼吸困难，吸气或呼气时出现高调的吹哨般的声音，甚至影响了吮吸和吞咽，出现进食和喝水困难。

（2）嘴唇和指甲发青。

（3）出现嘴唇发干、眼泪减少、小便量减少等脱水症状。

（4）3个月以内的宝宝出现发热症状，其他月龄宝宝发热持续超过3天。

除了上面这些症状，如果你对宝宝的情况还是不放心，或是宝宝出现了其他一些看起来比较严重的情况，也要及时带宝宝去看医生。

预防支气管炎

李卫国

"来问丁香医生"优秀答主，重庆医科大学附属儿童医院博士

想让宝宝不遭罪，最好的方法就是积极预防，下面这些预防措施，你一定要记牢。

▬ 勤通风

▬ 做好隔离

在毛细支气管炎高发时期，避免去人多拥挤的场所。如果家庭成员中有人患了感冒或其他呼吸道疾病，那么请尽量远离宝宝。需要近距离接触孩子时，注意佩戴口罩，勤洗手。

▬ 坚持母乳喂养

喝母乳的宝宝因呼吸道感染住院的风险会明显低于喝配方奶的宝宝。

▬ 勤洗手

▬ 避免一手烟、二手烟、三手烟

研究发现，接触烟草的宝宝患呼吸道感染的概率会更高，病情也会比不接触烟草的孩子严重。为了孩子的健康，当然也为了自己的健康，家人最好能戒烟了。

▬ 接种疫苗

建议你在流感流行前 1~2 个月给宝宝接种流感疫苗，这样可以预防流感病毒引起的毛细支气管炎。

10 肠绞痛

你可能遇到过这种情况：宝宝一直哭闹，一边哭一边扭动身体，腿往肚子上蜷。可能你想尽各种办法去哄，但是宝宝始终哭个不停。这到底是怎么了呢？

宝宝如果出现这种情况，多数是因为肠绞痛。肠绞痛不是病，而且很常见，一般发生在 2 周到 4 个月大的宝宝身上，目前还没有明确的病因和根治方法。有人推测认为，宝宝肠绞痛可能与以下因素有关。

（1）进食不足或过度，进食中吞入空气或进食后家人拍背不够。

（2）牛奶蛋白过敏。

（3）腹部胀气。

（4）妈妈在怀孕期间或产褥期吸烟。

（5）妈妈焦虑和烦躁情绪的传染。

在家护理

面对病因不明的肠绞痛，你也不用慌，有这样6个小方法，虽然不一定每次都能奏效，但值得一试。

（1）喂奶是让宝宝恢复平静的最好方法。在喂奶的同时，你可以在手上涂一层婴儿润肤霜或者婴儿油，按顺时针方向轻揉宝宝的肚子，帮助宝宝排出肠道内的气体。

（2）用小被子将宝宝轻轻地包裹起来。使用这个方法可以让宝宝感到安稳，不舒服的症状会减轻，宝宝会慢慢安静下来。然后你可以用手抱着宝宝，或把宝宝放在前置式婴儿背带里轻轻晃一晃。你也可以把宝宝放在摇篮里，轻轻晃一晃。无论哪种方式，都可以让情况好很多。

（3）把宝宝放在婴儿车里推出去走一走，或者换个家人照顾。

（4）给宝宝洗个热水澡。

（5）给宝宝听白噪音。你可以把宝宝放在有白噪音（如真空吸尘器、衣物烘干机、洗碗机等）的环境里。不过你要注意让宝宝远离噪音源，给宝宝听白噪音的时间也要短，避免损害宝宝的听觉。

（6）在宝宝耳边有节奏地发出"嘘嘘"或类似的有规律的声音，让宝宝情绪安稳下来。

丁香妈妈小课堂：
如何缓解宝宝肠绞痛

就医原则

检查婴儿肠绞痛一般需要进行"排他性诊断"，也就是必须排除其他可能导致宝宝哭闹的疾病后，才能确诊为肠绞痛。所以，如果不确定宝宝为何哭闹，建议还是去医院就诊，让医生来判断。

有这样几种情况时，需要及时就医。

（1）宝宝连续不停地哭闹超过 2 小时。

（2）宝宝拒绝进食，或有呕吐，或有血便。

（3）宝宝喝奶后吐奶很多，或有腹泻、排便困难等食物过敏症状。

（4）宝宝超过 4 月龄了，仍然有肠绞痛。

（5）宝宝没有增加体重。

带宝宝就医时，一般不需要做特殊的检查。医生可通过详细询问病史及体格检查进行诊断。

肠绞痛时要牢记

医生有话说

叶 雯

杭州美中宜和儿科主任医师

为了预防宝宝肠绞痛的发生，以下几点要记牢。

（1）怀孕期间和产褥期，妈妈不要吸烟。

（2）喂养后要充分拍背，避免宝宝吞入过多空气。

（3）尽量用母乳喂养。

（4）妈妈要学会调整自己的不良情绪，避免不良情绪传递。

11　幼儿急疹

宝宝 6 个月大时，在你看着他茁壮成长的欣喜之余，幼儿急疹已经在悄悄地向他靠近了。

幼儿急疹有很多别名，比如婴儿玫瑰疹、蔷薇疹、第六病、假风疹、烧疹、三日热。大部分宝宝会在 2 岁前发病。幼儿急疹一年四季都可能发生，春、秋两季相对较多。

幼儿急疹发病前没什么预兆，往往很突然。最开始的 1～5 天表现为发热，退热后出现皮疹，1～2 天后皮疹会消退，部分宝宝可能会持续 3～4 天，但总的来说，退热后，皮疹都会在短期内自然消退，这就代表着宝宝已经自愈了。

那么，"来匆匆去匆匆"的幼儿急疹是什么原因导致的呢？

幼儿急疹的发病原因是病毒感染，唾液是最主要的传播途径，也可能通过呼吸道分泌物、粪口等途径传染。

要注意的是，当宝宝突然发热时，容易发生热性惊厥。你可以参考下一节"热性惊厥"里的内容进行护理。另外，个别宝宝在发病期会出现疲乏、易烦躁、轻度腹泻、流鼻涕、咳嗽、食欲下降、眼皮浮肿、颈部 / 耳后 / 枕部淋巴结肿大等症状，但只要宝宝精神好，你也不用太担心，在家做好护理即可。

在家护理

通常来说，幼儿急疹大多在 1 周以内便会自愈。治疗并不能加速宝宝痊愈的时间，只能缓解各种症状带来的不适，对此，丁香妈妈有这样几点建议：

（1）平时多休息，多补水。

（2）合理降温，遵医嘱根据体重服用退热药。

（3）无须涂抹皮疹药物，耐心等待。

就医原则

幼儿急疹通常都不严重，宝爸宝妈可以先在家里观察。不过，一旦宝宝出现不同于幼儿急疹的症状，就要小心了，应该及时带宝宝去看医生。比如：

（1）发热超过 3 整天仍不退热。

（2）退热、出疹子之后，又再次发热。

（3）3 月龄以内孩子出现发热。

（4）发热的同时伴随惊厥，时间超过 5 分钟或反复发作。

（5）发热的同时精神状态不好，食欲差、嗜睡等。

幼儿急疹需辨别

医生有话说

孔令凯

儿科主治医师，儿科硕士

● 流行性感冒

幼儿急疹没出疹前的 2～3 天，临床表现以干烧为主，这和流感就比较像了，所以在冬季时，很多家长把幼儿急疹当成流感。那在孩子出疹前怎么区分二者呢？患流感的孩子，发热程度可能更高，并且孩子在不发热时，状态也不佳，还可能会有头疼、肌肉酸痛等表现；而患幼儿急疹的孩子通常没有这些表现，发热间隙孩子状态良好。

● 风疹

风疹的皮疹是和发热同时出现的，而且皮疹通常首先出现于面部，然后向下蔓延至身体其他部位。

● 麻疹

麻疹的特点是先发热 3 天左右，之后出现皮疹，这和幼儿急疹挺像，但是这时得发热是不退反升的。并且在出疹前，孩子有眼睛红、流鼻涕、咳嗽等前驱期症状，嘴巴里有柯氏斑。

● 川崎病

川崎病又称皮肤黏膜淋巴结综合征，表现为持续性发烧（至少 5 天）、（皮疹）多形性红斑、口唇红、手足肿胀、淋巴结肿大等。该病的皮疹形态多样，红斑常见，和幼儿急疹的点状皮疹不同，如果孩子发热大于 5 天，使用退热药效果不佳，又有上述表现，要及早就医。

12　热性惊厥

　　宝宝发高烧，通常都会把宝爸宝妈急得满头大汗，要是宝宝在发烧的过程中突然全身抽搐、口吐白沫，怕更是要把人吓个半死。

　　热性惊厥，俗话也叫"烧抽了"，通常发生在6个月~5岁的宝宝身上，主要表现就是高烧情况下的全身抽搐、瞪眼、身体僵直、口吐白沫等。发作时，孩子不会哭、不会回应外界的呼唤。

　　虽然热性惊厥看起来十分吓人，但它其实对宝宝的影响不大，很少会留下后遗症，仅有极少数宝宝会因此患上癫痫。所以，你不用太过担心。另外，丁香妈妈需要告诉你的是，目前还没有发现任何一种退热药物可预防热性惊厥的发生。

在家护理

　　要预防热性惊厥，除了尽量避免宝宝发热，还要在宝宝发热的时候积极采取退热措施。

出现热性惊厥时，你也不要慌，可以按照以下几步来处理（你也可以扫描下方二维码，观看具体操作视频）。

（1）把宝宝放在平坦、柔软的地方，如地毯上、床上。

（2）让宝宝侧躺，头偏向一边，松开领口和衣服，确保宝宝呼吸通畅。

（3）如果宝宝嘴里有东西，要尽量轻柔地取出，不要强行掰开嘴，更不要往嘴里塞东西。

（4）做好相关记录，记录惊厥开始的时间、持续时间、宝宝状态等，可以用手机录下来。

（5）脱衣服、开空调降温，采取恰当的物理降温方式。

（6）惊厥过后，尽快去医院就诊，以便确认发热原因。

宝宝经常发生热性惊厥，有可能是热性惊厥附加症或者癫痫，建议你带宝宝去小儿神经内科做进一步的检查。

丁香妈妈小课堂：
热性惊厥的护理办法

就医原则

总的来说，虽然热性惊厥持续的时间短，且不会留下后遗症，但还是建议，单次时间超过 5 分钟或 24 个小时内发作超过一次时，宝爸宝妈应立即带宝宝就医。

热性惊厥不要慌

医生有话说

叶 盛

浙江大学医学院附属儿童医院儿童重症监护室副主任

面对热性惊厥，有些家长在慌乱之下会采用一些错误的方式，常见的错误有以下几种：

（1）掐宝宝的人中。

（2）限制宝宝活动。

（3）在宝宝嘴里塞东西。

（4）用酒精擦拭身体降温。

这些方式对缓解热性惊厥症状没有任何帮助，相反的是，这可能给宝宝带来损伤。

13 咳嗽

每当季节交替，空气稍差，个别宝宝就开始咳嗽了。如果只是偶尔咳几声倒也不是什么问题，但如果宝宝不停地咳嗽，你就要注意，这是宝宝可能生病了的信号。

这时候，你可能会问：家里有止咳药，可以给宝宝吃吗？

关于这个问题，丁香妈妈认为，常用的成人非处方止咳药，用在宝宝身上有安全风险，是不建议给宝宝用的。针对吃药这一点，美国FDA（食品药品监督管理局）建议，对2岁以内的孩子，不要使用非处方的咳嗽药。美国儿科学会则认为，6岁以内的孩子，都不应该使用。

在家护理

针对宝宝咳嗽，有这样三个小建议。

◎ **切忌乱用抗生素**

我们常见的消炎药，如头孢、青霉素（如阿莫西林）就是抗生素。不过抗生素不是消炎药，这类药物只对细菌、支原体等特定感染有效。但咳嗽不一定都是细菌感染引起的。用抗生素会让某些细菌的防御能力增强，以后再给宝宝吃药，见效就没那么快了。

◎ **合理用药**

在所有的感冒类型中，90% 的感冒是病毒性感染，并没有特效治疗方法，过度地打针与吃药只会让宝宝的抵抗力越来越差，对宝宝并没有好处。

◎ **做好家庭护理**

比如，你可以给宝宝提供舒适的家庭环境，保持空气湿度，或用生理盐水给宝宝做雾化，等等。

就医原则

如果宝宝出现以下情况，那就说明宝宝的病情不那么简单了，你要尽快送宝宝就医。

◎ **精神不好且有缺氧的表现**

宝宝感觉疲劳、食欲下降，吃奶量明显减少但吃奶时间延长；出现缺氧症状的宝宝会出现嘴唇、指甲发紫等症状。

◎ **咳嗽伴有发烧**

　　如果宝宝在咳嗽的同时，还有发烧的症状，尤其是反复发烧超过 3 天的时候，那你就要考虑宝宝是否得了肺炎。要知道，肺炎是我国 5 岁以内儿童死亡的首要原因，所以这个时候，你要及时带宝宝就医。

◎ **宝宝呼吸频率加快**

　　如果宝宝的呼吸频率过快，你也应该带宝宝及时就医。那么，怎样才算呼吸过快呢？世界卫生组织诊断儿童呼吸急促的标准是这样说的：

<2 月龄	呼吸≥60 次 / 分钟
2~12 月龄	呼吸≥50 次 / 分钟
1~5 岁	呼吸≥40 次 / 分钟
≥5 岁	呼吸频率>20 次 / 分钟

◎ **咳嗽频繁且超过一周不见好转，两周没有恢复**

　　这些症状可能是支原体感染、过敏、气管异物等原因引起的。当然，也可能是宝宝得了咳嗽变异性哮喘，在这种时候，宝宝往往只咳不喘，所以很多宝爸宝妈会误认为这是普通感冒。

咳嗽缓解小贴士

医生有话说

施 翰

丁香诊所儿科医生

夜咳不仅会使宝宝难受，还会影响宝宝休息。你可以试试以下方法来帮助宝宝缓解。

（1）6 个月以上的宝宝要少量多次地喝温水，6 个月以内的宝宝喝奶水或配方奶。

（2）如果宝宝的鼻涕比较多，可以用生理盐水或生理性海水喷鼻或滴鼻。

（3）使用加湿器，增加空气湿度至 50%～60% 为宜。

（4）对于 1 岁以上的宝宝，还可以食用适量的蜂蜜（2～5ml）。

但是，如果宝宝夜咳超过两周，而且以干咳为主，父母就要考虑是否是咳嗽变异型哮喘，尽快带宝宝去医院就诊。

14　发热

在带娃的过程中，你免不了会遇到宝宝发热的情况，看到宝宝的小脸烧得红通通的，浑身滚烫，想必你是既心疼又紧张。发热可以说是每个宝宝都会经历的事情，那么宝宝发热应该怎么护理呢？

一般来说，宝宝出现的急性发热都是病毒感染引起的，而病毒感染大多是可以自愈的，这个过程一般是 3～5 天。

在使用抗生素有效的情况下，细菌感染引起的少数发烧情况一般在用药 48～72 个小时就会退烧。但具体需要几天，还得看宝宝的感染严重程度和抗生素敏感性。

还有一些特殊情况，需要你及时带宝宝就诊，比如高热不退、体温控制了但精神还是不好，或者伴随呼吸急促、频繁呕吐、脸色苍白、抽搐等其他严重情况。

在家护理

如果宝宝发烧了，你在家该怎么对宝宝进行护理呢？

◎ 测宝宝的体温

给宝宝测体温，通常测的是耳温、额温和腋温。不过，测量肛温仍然是最准确的方法。

美国儿科学会的数据显示：如果宝宝的肛温、耳温、额温、口温在38℃及以上，腋温在37.2℃及以上，那就属于发热了。

◎ 根据宝宝的精神状态用药

如果宝宝的腋温超过38.5℃，或者没到38.5℃，但孩子有不舒服或者情绪不好的情况。就要考虑给孩子用药了。但如果宝宝的精神状态好，即使体温超过了38.5℃，也可以不着急吃药。如果是3个月以内的宝宝，不论状态好坏，都不建议自行吃药，应该立即就医。

◎ 根据宝宝的月龄用药

对于3个月以内的宝宝来说，发热可能不仅是发热，还是严重感染的表现。所以，不足3个月的宝宝出现发热情况时，建议你带宝宝做一次全面的检查，一般不推荐直接使用对乙酰氨基酚。

如果宝宝是3~6个月大小，你可以选择对乙酰氨基酚。而对于6个月以上的宝宝，则可以选择使用布洛芬或对乙酰氨基酚。

◎ **其他注意事项**

保持清爽，补充水分，适当减衣；不要捂汗，不要用酒精擦拭，不推荐使用退热贴。

就医原则

如果遇到这些情况，爸爸妈妈应该马上带宝宝去医院。

（1）3个月以内的宝宝出现发热。

（2）发热温度较高，通常腋温大于38℃，同时精神状态不好。

（3）连续或反复发热超过3天。

（4）孩子发热超过3天，且发热的同时出现皮疹，惊厥等情况。

（5）孩子发热的同时出现拒绝饮水、尿量明显减少、嗜睡、哭的时候没有眼泪等脱水症状。

（6）孩子发热的同时出现严重的呼吸道症状，比如喘息、憋闷、呼吸频率明显增快、声音嘶哑或其他任何让你担心的症状。

发热不能做的事

医生有话说

刘子琦

哈尔滨医科大学附属第一医院副主任药师

➡ 捂汗不能退烧

出汗是退烧的结果，而不是原因。强行捂汗，反而可能让体温升高。物理降温最好的方法是少穿衣服、少盖被子。

➡ 不要给孩子吃阿司匹林、安乃近等退烧药

丁香妈妈推荐的两种退烧药是：布洛芬（6个月以上宝宝可用）和对乙酰氨基酚（3个月以上宝宝可用）。

➡ 发烧不会造成脑炎、肺炎

患肺炎、脑炎多是由于感染了严重的病原体。发烧并不会直接导致患脑炎、肺炎。

15　鼻塞流涕

一到降温、换季的时节，很多宝宝都被鼻涕和鼻塞困扰：鼻涕"呼哧呼哧"地往下流，爸爸妈妈恨不得走几步就给宝宝擦擦；鼻塞更遭罪，不仅吃不香，还睡不好。宝宝究竟怎么了？这是爸爸妈妈最焦虑的问题。

其实，宝宝的鼻涕里也藏着大学问。白色水样鼻涕最常见于上呼吸道感染的早期，这个时候，不要想着尽快帮宝宝止住鼻涕，而是尽量让鼻涕流出来，这样就可以尽快把宝宝鼻腔里的病原冲走。

而黄绿色鼻涕通常是病毒、细菌导致的。一般而言，如果宝宝有黄绿色鼻涕，没有发热、头痛等不适，多半是病毒性感冒，继续观察就行，一般会自然痊愈。但如果伴有发热不退、恶心、头痛等症状，那宝宝很可能得了细菌感染导致的鼻窦炎。至于宝宝只有一侧鼻孔流鼻涕，流出的脓鼻涕，且伴有恶臭，那可能是有异物进入了宝宝的鼻腔。

除了上述原因，过敏性鼻炎也会让宝宝流鼻涕、鼻塞。过敏性鼻炎跟感冒很像，但是两者又很不一样。过敏性鼻炎一般在每年的固定时期或常年发作，鼻塞流涕的情况一般会持续超过两周，同时伴有眼睛发痒、鼻涕呈清水样、鼻痒、打喷嚏的症状，而且宝宝之前很有可能已经出现湿疹、反复咳嗽和食物过敏的情况。

而普通感冒多发生在气温寒冷或者气候变化比较大的时候，比如春天和冬天。感冒时，宝宝鼻塞流涕的情况一般会持续7～10天，可能伴有发热、咽痛、中度鼻痒、打喷嚏、全身不适等症状。鼻涕最初是白色的，后面可能会变成黄色。

在家护理

宝宝鼻涕多的时候，父母可以用以下4招来应对，让宝宝舒服一些。

（1）宝宝没有不舒服就不用处理，宝宝的鼻涕流出来时，帮他擦干净就行了。

（2）如果宝宝的鼻涕特别多，流个不停，可以使用海盐水喷鼻剂或者洗鼻器给宝宝清理鼻涕。

（3）增加室内的空气湿度能湿化宝宝的呼吸道，有利于鼻涕稀
释、流出。

（4）建议让宝宝喝足量的水，让他的呼吸道更舒服。

如果确定宝宝患了过敏性鼻炎，你在护理上还需要特别注意，尽量避免宝宝接触过敏原，避开花粉、粉尘、螨虫、毛绒玩具及猫毛、狗毛等过敏原，建议吸烟的家人戒烟。另外，建议在医生的指导下使用糖皮质激素鼻喷雾或者抗组胺药物，比如氯雷他定或西替利嗪。

就医原则

一般来说，宝宝的鼻塞流涕不用太过担心。但如果鼻塞流涕的症状持续时间太长，或者伴有发热、头疼或者鼻涕有异味的情况，你就应该及时带宝宝去耳鼻喉科就医。

宝宝鼻子不舒服，别着急吃药

医生有话说

梅康康

"儿科药师梅贰康"主笔人，安徽省儿童医院主管药师

孩子的鼻子不舒服，以下三件事不要做。

● 用感冒药

感冒其实是一种自愈性疾病，复方感冒药有一定的副作用，而宝宝对药物的代谢能力差，如果过量服用，严重时还会造成生命危险。

● 用手抠鼻子

抠鼻子的时候，手指上的细菌会引发感染，尖锐的指甲也会划破宝宝娇嫩的鼻黏膜，反而会让鼻子更不舒服。

● 用力擤鼻涕

鼻腔、鼻窦、眼睛和中耳都是相连的，用力擤鼻涕可能会让原本带着病毒、病菌的鼻涕进入相邻的器官，引发鼻窦炎、结膜炎、中耳炎等疾病。

16 手足口病

有的时候，你可能会发现宝宝发热，口腔、手上、脚上出现了红色的疹子和水疱，并且宝宝吃不好饭，甚至还会有咳嗽和流涕的症状。这很可能说明宝宝得了手足口病。

典型的手足口病主要表现为手、足、口和肛周有皮疹，口腔黏膜出现疱疹，多发生于学龄前儿童身上，5岁以内的宝宝发病率最高。

手足口病主要通过密切接触手足口病病人的粪便、体液和呼吸道分泌物（如打喷嚏的飞沫）、被污染的毛巾、被病毒污染的水源、玩具等物品而被传染。因为手足口病可以通过消化道传播，所以如果宝宝的手接触了被手足口病病毒污染的食具、奶具，又不小心把手放到嘴里的话，宝宝就很容易感染手足口病。

另外要注意的一点是，手足口病的轻重与皮疹多少无关。

在家护理

如果宝宝得的是轻度手足口病，一般 10 天左右就可以自愈了。在这期间，你应该让宝宝好好待在家里休息，把宝宝暂时隔离起来，隔离期为 2 周。如果宝宝在患病期间，因为口腔溃疡的疼痛而烦躁哭闹的话，你可以给宝宝吃一些凉的和软的食物，比如喝凉的牛奶、凉水等。

有些得了手足口病的宝宝在快睡着的时候，会反复出现全身性肌肉收缩动作，就像受到惊吓一样。这种时候，你就要警惕宝宝可能是感染了手足口中比较严重的类型了。遇到这种情况，你就需要及时送宝宝就医。

在这里，丁香妈妈还要建议宝爸宝妈最好不要自行判断宝宝患病的轻重程度，而应该及时送宝宝就医，让医生做出专业判断。

就医原则

绝大多数手足口病都比较轻，通常 1~2 周可以自愈。但也可能会出现极少数病情严重的患儿。如果宝宝出现下列任何一种情况，都需要及时到医院就诊。

（1）持续高烧不退超过 48 个小时。

（2）频繁呕吐、头痛。

（3）四肢抖动、肌阵挛或急性手脚无力。

（4）精神萎靡、嗜睡，白天过度睡眠，容易惊醒，烦躁不安。

（5）呼吸困难或呼吸增快、减慢或节律不正常。

健康的宝宝如何才能避免感染手足口病毒呢？

医生有话说

汪 曦

上海市某区疾控中心公共卫生主管医师

最有效的方法就是打肠道病毒 71 型灭活疫苗。不过，即使接种了疫苗，也有可能因为感染其他病毒而患手足口病。

所以，即使打了疫苗，我们也还是建议你在日常生活中做好预防工作。在手足口病流行的季节，你要尽量少让宝宝到拥挤的公共场所，降低被感染的概率。另外，你要注意让宝宝勤洗手、洗澡，还要注意勤换洗衣服，勤晾晒被褥，定期清洗儿童玩具等。

17 流感

　　每年到了换季的时候，流感就开始肆虐了。娇弱的小宝宝一不小心就中招了。俗话说，"知己知彼，方能百战百胜"，要想应对流感，第一步就是好好了解什么是流感。

　　与普通感冒相比，流感更容易引起发热，且发热的持续时间更长，病程一般是5～10天。症状也更严重，发热时体温可达39～40℃。如果宝宝得了流感，就会精神萎靡、全身乏力，还可能伴有咳嗽、流涕、咽喉疼痛、腹泻呕吐等症状，发生中耳炎、肺炎、心肌炎等并发症的风险也很高。

在家护理

◎ **如何预防流感?**

面对这样一个令人讨厌的"不速之客",最重要的就是做好预防工作。如何预防呢?丁香妈妈有以下三个建议。

(1)接种流感疫苗。

宝宝在 6 个月以上就可以接种流感疫苗了。8 岁以内的儿童首次接种时,接种 2 剂次(2 次间隔时间应≥4 周)的保护效果比接种 1 剂次的效果更好。由于每一年的流感病毒可能都不同,所以我们建议每年给宝宝和直接抚养人同时接种。

(2)少去人多密集的区域。

咳嗽、喷嚏排出的分泌物和飞沫都会传染流感病毒。流感高发期,父母尽量不要带宝宝去人多拥挤、空气不好的封闭场所,如果不得不去,就要戴好口罩。

(3)用流水勤洗手。

勤洗手,使用肥皂或洗手液并用流动水洗手,不用污浊的毛巾擦手。不管是上厕所后、吃饭前,还是外出回家后,都要给宝宝洗手。

◎ **已经得了流感怎么办？**

如果宝宝已经得了流感，那么你在家里应该做好以下护理工作。

（1）常规护理。

- 勤洗手。

- 房间做好通风。

- 室内空气加湿。

- 适当增加液体摄入。

- 给宝宝做吃得顺口的东西，不强迫进食。

（2）特殊护理。

- 隔离已经生病的宝宝。

- 保证平时带宝宝的人不要换。

另外，以下这两种药物可以用来对付流感。

- 奥司他韦：在出现症状的 48 个小时内使用效果好，需要连续服用 5 天。这只对流感有效，一定要避免滥用。

- 退烧药：对乙酰氨基酚（3 月龄以上可用）或布洛芬（6 月龄以上可用）。

除了上面提到的药物，如复方感冒药、中成药及其他抗病毒药物，丁香妈妈都不推荐你给宝宝服用。

就医原则

2 岁以内的宝宝患流感时很容易发生并发症，如果你怀疑宝宝患了流感，应该尽早去医院确诊和治疗。

你可以通过以下步骤判断宝宝是不是得了流感。

（1）看症状。

宝宝忽然发烧到腋温 39℃以上，精神状态不好。开始的一两天，宝宝可能只有高烧的症状，但一两天后咳嗽开始慢慢加重。

（2）做筛查。

怀疑是流感后，要尽快带宝宝去医院做流感病毒筛查，仔细向医生描述症状和最近接触的人。

民间流感预防打假啦

李侗曾

首都医科大学附属医院副主任医师

提到如何预防流感，坊间总会有各种各样的方法。我在这里主要向你说明一些号称能预防流感的方法，到底靠不靠谱。

🔹 **10 分钟不喝水就会得流感？假的！**

🔹 **吃维生素 C 可以防感冒？假的！**

长期吃维生素 C 可能可以缩短感冒的病程，但不论是直接吃橙子还是口服维生素 C，都不能预防流感。

🔹 **用醋熏蒸能杀菌？假的！**

如果家里有呼吸道敏感、哮喘史的孩子和老人，熏醋很有可能诱发呼吸系统疾病。

🔹 **"抗病毒神药"利巴韦林可以预防流感？假的！**

利巴韦林（又叫病毒唑）不仅不能预防流感，而且有溶血性贫血的副作用，不建议给宝宝服用。

18　痱子

炎炎夏日，是痱子的高发季节。很多白白胖胖的宝宝身上长满了痱子，宝宝因为瘙痒、灼痛而哭闹不安。看着宝宝那个难受劲儿，想必你心急如焚。

那么，宝宝长痱子后应该怎么护理呢？

宝宝的痱子是由出汗不畅引起的。夏季气温升高、湿度增大，人体出汗过多又不易蒸发，皮肤表面的角质层在汗液的浸渍下容易堵塞毛孔。而宝宝代谢旺盛、活动量大、容易出汗，再加上皮肤细嫩、汗腺功能尚未发育完全，汗液不能快速蒸发，夏季就极易生痱子。

胖宝宝的情况会更加严重，他们的皮下脂肪层要比一般宝宝厚，体内的热量更难散发。身体为了保持体温恒定，只有通过增大出汗量和增加呼吸频率的方式来进行散热。另外，胖宝宝的皮肤皱褶更多，出汗后更加难以蒸发。

痱子主要分为三种：红痱、白痱和脓痱。

红痱：最为常见的一种痱子，是大小从针尖到小米粒不等、成片出现的小疙瘩，周围发红。

白痱：是针尖至针头大小的白色透明水疱，水泡易破，不痒。

脓痱：红痱加重后就会发展成脓痱。痱子顶端出现针头大小的小脓疱，后期容易继发致病菌感染，引起发热，严重的会发展为败血症。

在家护理

宝宝得了痱子，很多爸爸妈妈喜欢用痱子粉处理，但是痱子粉只对红痱、白痱有一定疗效，如果出现脓痱就不能用了。在日常生活中，我们应该怎么做呢？

◎ **保持宝宝的皮肤干爽**

实际上，大部分痱子只要脱离高温、高湿环境后就会消失。所以，只要让宝宝处于凉快通风的环境中，保持皮肤清洁干爽即可。具体而言，你可以这样做：

- 开空调给宝宝降降温。
- 经常用温水给宝宝洗澡。
- 给宝宝穿棉质衣物。
- 睡觉时多给宝宝翻身。

◎ 外用药物

如果宝宝的痱子持续不退，瘙痒较重，那就需要及时治疗了，任由宝宝搔抓则很容易继发细菌感染。痱子的治疗一般仅需外用药物，以清凉、收敛、止痒为原则。

- 红痱和白痱可外涂炉甘石洗剂。但对于 2 岁以内的宝宝，建议不要使用添加薄荷脑成分的炉甘石洗剂。脓痱可以在医生的指导下，采用开申诉治疗，夫西地酸和莫匹罗星都是比较安全的。
- 瘙痒较重时，可以在医生的指导下，考虑短期口服抗组胺药来止痒，比如西替利嗪、氟雷他定等。

不过，如宝宝的痱子已经非常严重了，考虑到不同种类的痱子治疗方法不完全相同，还是建议你不要笼统处理，最好在医生的指导下回家治疗。

就医原则

痱子虽然常见，但是发现以下两种情况时，还是建议你及时寻求医生的帮助。

（1）怀疑宝宝可能得了湿疹、尿布疹、夏季皮炎等其他疾病。

（2）有大片皮肤被抓破。

这些祛痱产品能用吗？

李志量

中国医学科学院皮肤病医院主治医师，北京协和医院皮肤病学博士

▬ 十滴水

不适合给 2 岁以内的儿童使用。十滴水中含有的樟脑成分，它在加拿大更是被列为禁止用于儿童身上的有害物质。

除了樟脑，十滴水中含有的酒精和辣椒成分也是刺激性物质，不适用于宝宝娇嫩的皮肤。

▬ 花露水

花露水中的冰片、薄荷成分确实可以帮助止痒，但其中的酒精对宝宝的皮肤刺激较大，涂抹在痱子严重的部位，可能会加重病情，因此也不推荐给宝宝使用。

父母在给宝宝进行疾病护理时，免不了要给宝宝喂药。你可以扫码观看给宝宝喂药的小技巧。

丁香妈妈小课堂：
如何给宝宝喂药

7

宝宝的第二年，
值得期待

宝宝 1 岁了，你早就熟悉了父母的身份，甚至还可以给身边的新手父母讲一讲你的育儿小妙招，说说带娃的注意事项。

不过，丁香妈妈相信，对于宝宝的第二年，你一定充满了期待。

要知道，与这些牙牙学语、蹒跚学步的宝宝在一起，每一天都像在探险。

那么，一个刚刚学走路、学说话的满一岁的宝宝，在接下来的一年里，会带给你哪些值得期待的惊喜呢？

在运动能力上，你家宝宝开始精力充沛地探索世界。

你的第一个惊喜，就是宝宝开始学会不借助外力，自己摇摇晃晃地走路。大多数孩子会在 9～17 个月大时学会走路，开始学走路的平均时间约为 14 个月大。

一旦你家孩子迈出了人生的第一步，你就要做好准备了，因为"熊孩子"探索世界的帷幕已经拉开了！

学会走路之后 6 个月，宝宝就开始满地跑了。此时的家里是最热闹的，因为充满好奇心的他们已经开始探索奇妙的世界。一旦发现自己可以往高处爬，家具、楼梯都是宝宝们野心勃勃想要探索的地方。

除此之外，随着精细动作的发育，宝宝可以自己用勺子吃饭，甚至会拿蜡笔在家里的墙上创作一些涂鸦作品。

在行为上，你家宝宝也开始变得更独立了。

比如，他开始展现出自己独特的创造力。对于 18~24 个月大的宝宝，随着大脑的迅速发育，过家家成了他们最爱的游戏。你会发现你家宝宝会认真地给泰迪熊喂饭，煞有介事地用玩具手机打电话。

同时，宝宝的语言能力也开始迅速发展。他第一次叫"爸爸妈妈"时，一定会让你非常激动。除此之外，"不要""去那里"这样的简单词语，他们也开始使用得越来越熟练。

然后，传说中的"terrible 2"（可怕的 2 岁）就来临了。接下来还有 3 岁、4 岁、青春期……

但是，丁香妈妈会在这里一直陪伴你。

爱你的丁香妈妈